高等学校软件工程专业系列教材

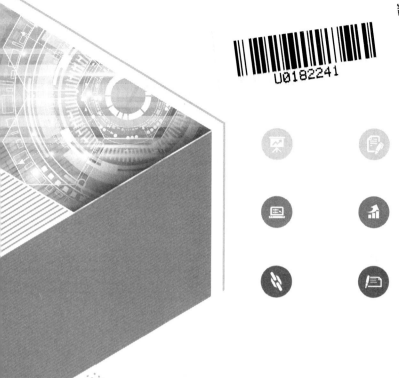

U0182241

软件工程案例教程

◎ 张鹏　宁涛　编著

清华大学出版社
北京

内 容 简 介

本书是"以 MIS 系统项目为核心""以案例为驱动"的软件工程理论联系实践的课程教材。全书在编写上进行了实践性的突破,从软件工程实践的角度,依据软件项目的生命周期逐一分析了软件项目开发的各个环节,并附有具体的实际案例文档。全书主要内容包括:软件工程项目开发的概念和内涵、软件工程实践常用开发方法、软件项目可行性分析实践、软件项目总体规划实践、软件项目分析工具选择、软件项目系统测试实践、软件实践开发中 Visio 工具的使用、书店网上售书系统的实践导引、教务管理系统的实例导引、电子商务英才网络应聘管理的实例导引。

本书可作为高等院校软件工程、软件开发、计算机应用等相关专业的本科生教材,也可作为软件项目管理人员和软件开发人员的自学参考书。

图书在版编目(CIP)数据

软件工程案例教程/张鹏,宁涛编著.—北京:清华大学出版社,2022.4
高等学校软件工程专业系列教材
ISBN 978-7-302-56507-9

Ⅰ.①软… Ⅱ.①张… ②宁… Ⅲ.①软件工程—案例—高等学校—教材 Ⅳ.①TP311.5

中国版本图书馆 CIP 数据核字(2020)第 182549 号

责任编辑:贾 斌
封面设计:刘 键
责任校对:梁 毅
责任印制:刘海龙

出版发行:清华大学出版社
      网   址:http://www.tup.com.cn,http://www.wqbook.com
      地   址:北京清华大学学研大厦 A 座   邮   编:100084
      社 总 机:010-83470000   邮   购:010-62786544
      投稿与读者服务:010-62776969,c-service@tup.tsinghua.edu.cn
      质量反馈:010-62772015,zhiliang@tup.tsinghua.edu.cn
      课件下载:http://www.tup.com.cn,010-83470236
印 装 者:三河市铭诚印务有限公司
经   销:全国新华书店
开   本:185mm×260mm   印   张:15   字   数:362 千字
版   次:2022 年 6 月第 1 版   印   次:2022 年 6 月第 1 次印刷
印   数:1~1500
定   价:45.00 元

产品编号:083996-01

前　　言

随着信息技术的飞速发展,尤其是软件开发工程化方法的日益普及,结构化和面向对象的系统开发方法变得越来越重要。计算机硬件的发展也在很大程度上提高了软件系统的开发和应用效率。如何更有效地利用结构化和面向对象的思想开发出灵活、易用的软件系统成为能否高效、科学地进行管理的关键问题。

"软件工程实践"是各类高等院校软件工程专业、电子信息专业以及管理专业等学生的必修课程之一。本书由浅入深地介绍了软件工程实践的步骤和内容,充分考虑了高等院校本科学生培养目标和教学特点,注重基本概念的同时,重点介绍了实用性较强的内容,力求做到精讲多练。

在本书的编写过程中力求符号统一,图表准确,语言通俗,结构清晰。本书可作为高等院校软件工程专业、电子信息专业和管理专业的本科生教材,也可作为广大程序开发人员的自学参考书。

感谢大连理工大学王旭坪教授、大连海事大学郭晨教授在编写过程中对本书提出的指正意见。

由于作者水平有限,书中难免存在疏漏、不足之处,恳请广大读者批评和指正。

编　者
2021 年 12 月

目 录

第 1 章 信息系统开发的相关概念 ……………………………………………… 1

1.1 信息 …………………………………………………………………… 1

1.1.1 数据的概念 …………………………………………………… 1

1.1.2 信息的概念 …………………………………………………… 1

1.1.3 数据和信息的关系 …………………………………………… 3

1.1.4 信息的生命周期 ……………………………………………… 4

1.2 信息系统 ……………………………………………………………… 6

1.2.1 系统的概念 …………………………………………………… 6

1.2.2 信息系统的定义 ……………………………………………… 9

1.3 管理信息系统 ………………………………………………………… 9

1.4 本章小结 ……………………………………………………………… 10

第 2 章 软件工程开发方法 ……………………………………………………… 11

2.1 结构化生命周期法 …………………………………………………… 11

2.1.1 传统生命周期法 ……………………………………………… 11

2.1.2 结构化生命周期法 …………………………………………… 12

2.1.3 结构化方法开发过程 ………………………………………… 13

2.1.4 结构化方法的特点 …………………………………………… 14

2.2 原型化方法 …………………………………………………………… 15

2.2.1 原型化方法概述 ……………………………………………… 15

2.2.2 原型化方法的开发过程 ……………………………………… 16

2.2.3 原型化方法的种类 …………………………………………… 18

2.2.4 原型化方法的构造方法 ……………………………………… 19

2.2.5 原型化方法的特点 …………………………………………… 20

2.2.6 原型化方法的局限性 ………………………………………… 20

2.2.7 原型化方法设计实例 ………………………………………… 21

2.2.8 原型化方法与结构化生命周期法的结合 …………………… 22

2.3 面向对象方法 ………………………………………………………… 23

2.3.1 结构化方法开发存在的问题 ………………………………… 23

2.3.2 面向对象方法的产生 ………………………………………… 24

2.3.3 面向对象方法的特点 ……………………………………………………… 24

2.3.4 面向对象方法与结构化方法的对比 ………………………………… 24

2.4 本章小结 …………………………………………………………………………… 25

第3章 软件系统可行性分析 ……………………………………………………… 26

3.1 可行性分析定义 ……………………………………………………………… 26

3.2 系统的初步调查 ……………………………………………………………… 27

3.2.1 门诊管理子系统 ………………………………………………………… 27

3.2.2 住院管理子系统 ………………………………………………………… 27

3.2.3 医保管理子系统 ………………………………………………………… 28

3.2.4 物资管理子系统 ………………………………………………………… 28

3.2.5 财务管理子系统 ………………………………………………………… 29

3.2.6 人事管理子系统 ………………………………………………………… 29

3.2.7 医院组织结构调查 ……………………………………………………… 30

3.3 可行性分析的内容 …………………………………………………………… 31

3.4 可行性分析报告大纲 ………………………………………………………… 32

3.5 可行性分析报告实例 ………………………………………………………… 33

3.5.1 引言 ………………………………………………………………………… 33

3.5.2 系统开发的必要性 ……………………………………………………… 34

3.5.3 现行系统调查研究与分析 ……………………………………………… 34

3.5.4 系统业务流程分析 ……………………………………………………… 37

3.5.5 系统数据流程分析 ……………………………………………………… 38

3.5.6 现行系统存在的主要问题和薄弱环节 ……………………………… 38

3.5.7 新系统的方案分析 ……………………………………………………… 38

3.6 本章小结 …………………………………………………………………………… 40

第4章 软件系统总体规划 ………………………………………………………… 41

4.1 系统总体规划概述 …………………………………………………………… 41

4.1.1 总体规划的主要任务和意义 ………………………………………… 41

4.1.2 总体规划的特点和设计原则 ………………………………………… 42

4.1.3 总体规划的步骤 ………………………………………………………… 42

4.2 U/C 矩阵的建立 ……………………………………………………………… 44

4.2.1 定义数据类 ……………………………………………………………… 44

4.2.2 U/C 矩阵的检验 ………………………………………………………… 46

4.3 子系统的划分 ………………………………………………………………… 46

4.4 本章小结 …………………………………………………………………………… 48

第5章 软件系统分析 ……………………………………………………………… 49

5.1 软件系统分析任务 …………………………………………………………… 49

5.1.1 软件系统分析的原则 49

5.1.2 软件系统分析的步骤 50

5.2 软件系统业务流程分析 51

5.2.1 业务流程图的符号 51

5.2.2 业务流程分析方法 51

5.3 软件系统数据流程分析 56

5.3.1 数据流程图的符号 56

5.3.2 数据流程分析方法 59

5.4 软件系统处理功能的表达 66

5.4.1 结构式语言 66

5.4.2 判断树 67

5.4.3 判断表 69

5.4.4 三种表达工具的比较分析 71

5.5 软件系统分析实践案例 72

5.5.1 软件系统功能结构图 72

5.5.2 业务流程图 73

5.5.3 数据流程图 79

5.5.4 软件系统操作流程图 83

5.6 本章小结 91

第 6 章 软件工程测试 92

6.1 系统测试概述 92

6.2 软件测试方法 93

6.2.1 动态测试方法 93

6.2.2 静态测试方法 97

6.3 软件测试步骤 97

6.4 本章小结 98

第 7 章 软件工程实践工具 99

7.1 Visio 工具 99

7.1.1 Visio 概述 99

7.1.2 使用 Visio 建模 99

7.1.3 示例 103

7.2 MyEclipse 105

7.2.1 Tomcat 服务器 105

7.2.2 MyEclipse 概述 107

7.2.3 使用 MyEclipse 开发应用程序 115

7.3 Rational Application Developer 124

7.3.1 WAS 服务器 124

7.3.2　Rational Application Developer 概述 ·················· 125

7.3.3　使用 RAD 开发应用程序 ································· 130

第8章　网上售书系统的开发 ································· 137

8.1　问题分析 ···················· 137

8.2　可行性研究 ·················· 138

8.3　需求分析 ···················· 139

8.3.1　建立业务模型 ··········· 140

8.3.2　数据流分析 ············· 142

8.4　系统设计 ···················· 144

8.4.1　总体设计 ··············· 144

8.4.2　数据库设计 ············· 147

8.4.3　详细设计 ··············· 150

8.5　系统实现 ···················· 163

8.5.1　Hibernate 封装数据 ····· 163

8.5.2　抽取公用文件 ··········· 169

8.5.3　CSS 文件 ··············· 171

8.5.4　前台页面的开发 ········· 171

8.5.5　后台页面的开发 ········· 174

8.5.6　应用程序的结构 ········· 174

8.5.7　程序开发说明 ··········· 175

8.6　软件测试与维护 ·············· 179

8.7　本章小结 ···················· 180

第9章　教务管理系统的开发 ································· 181

9.1　问题分析 ···················· 181

9.2　可行性研究 ·················· 181

9.3　面向对象的分析 ·············· 182

9.3.1　建立用例模型 ··········· 182

9.3.2　建立类模型 ············· 187

9.3.3　创建顺序图 ············· 187

9.4　数据库设计 ·················· 188

9.4.1　类模型到关系模型的转化 ·· 189

9.4.2　数据库结构 ············· 189

9.5　面向对象的设计 ·············· 190

9.5.1　设计软件类 ············· 190

9.5.2　设计软件体系结构 ······· 191

9.5.3　人机交互界面设计 ······· 193

9.6　面向对象的编程 ·············· 197

9.7 软件测试与维护 ……………………………………………………………… 204

9.8 本章小结 ………………………………………………………………………… 204

第 10 章 软件工程实践开发与设计实例——电商英才网络应聘招聘管理系统 ……… 205

10.1 系统开发概述 ………………………………………………………………… 205

    10.1.1 开发背景 ……………………………………………………………… 205

    10.1.2 系统目标 ……………………………………………………………… 205

    10.1.3 可行性分析 …………………………………………………………… 205

10.2 系统开发说明 ………………………………………………………………… 206

    10.2.1 需求分析 ……………………………………………………………… 206

    10.2.2 数据流图 ……………………………………………………………… 207

    10.2.3 数据字典 ……………………………………………………………… 208

    10.2.4 概要设计 ……………………………………………………………… 210

    10.2.5 详细设计 ……………………………………………………………… 212

10.3 系统功能介绍 ………………………………………………………………… 219

    10.3.1 用户登录 ……………………………………………………………… 219

    10.3.2 公司信息概况 ………………………………………………………… 222

    10.3.3 招聘信息概况 ………………………………………………………… 223

    10.3.4 添加企业信息 ………………………………………………………… 223

    10.3.5 修改/删除企业信息 ………………………………………………… 224

    10.3.6 数据表信息筛选 ……………………………………………………… 225

参考文献 ………………………………………………………………………………… 226

VII

目　录

第1章　信息系统开发的相关概念

1.1　信　　息

信息(Information)是信息论中的专用术语,它表示有一定意义的内容。不同领域的科学家从各自的研究角度出发,对信息进行了各种不同的定义。1948年,美国著名数学家、信息论的创始人香农指出:"信息是用来消除随机不定性的东西"。同年,美国数学家、控制论的创始人维纳在《控制论》一书中明确指出:"信息是既非物质,又非能量的"。

1.1.1　数据的概念

1. 数据的定义

- 国际标准化组织(International System Organization,ISO):数据是对事实、概念或指令的一种特殊表达形式。
- 数据是人们用来反映客观世界而记录下来可以鉴别的物理符号,也可以说,数据是各种可以鉴别的物理符号记录下来的客观事实。

2. 数据的特点

(1) 数据是客观事物的属性、数量、位置及其相互关系的抽象表示。

(2) 它的本质是原始记载,是未经过任何加工的。

(3) 数据虽然形式上粗糙、杂乱,但它具有真实性、可靠性,而且具有积累价值。

3. 数据的性质

从数据的定义和特点可以归纳出数据具有两方面性质:客观性和可鉴别性。

- 客观性:数据是对客观事实的描述,它反映了某一客观事实的属性,即数据需要同时具有属性名和属性值才可以表示客观事实。例如:客观描述"身高170cm",其中身高是属性名,170cm是属性值。
- 可鉴别性:数据对客观事实的记录是可鉴别的,即这种记录是通过某种特定符号来实现的,并且这些符号可以进行鉴别和识别。例如:常用来描述客观事实的符号包括数字、文字、图片、图形、声音、光电等。

原始的数据被收集后,需要进行加工处理才能够得到有用的信息。

1.1.2　信息的概念

1. 信息的定义

信息本质上是原始数据经过加工处理后所得到的另一种形式的结果数据,即信息的概

念构架于客观存在的数据基础上。信息尚未有统一、确切的定义,截至目前其定义包括如下几种:

(1) 国际标准化组织(ISO):信息是对人有用的,影响人们行为的数据。

(2) 信息是加载在数据之上通过数据形式表示的,对数据具体含义的解释。

(3) 信息是一种将数据加工处理后的,能够帮助和指导人类活动的有用资料集合。

(4) 信息是构成一定含义的一组数据。

综合上述定义,从管理信息系统的角度可以将信息的定义归纳为:信息是经过加工(处理)后具有一定含义的另一种形式的数据,这种数据对人类的决策具有一定的价值。

例如:122104042 是数据,而对它作解释:东经 122°10′,北纬 40°42′,则表示中国某港口的地理位置信息。

2. 信息的含义

信息的定义包含三方面含义:有用性、客观性和主观性。

- 信息的有用性:信息是指导人类从事某项工作或任务的行为参考,它的价值是通过信息接收方的决策来体现。
- 信息的客观性:信息来源于客观世界,它反映了某一事物的现实状态,体现了人类对事实的认识和理解程度,是人类决策或行动的依据。
- 信息的主观性:信息是人类按照某种目的对原始数据进行加工处理后的结果,它的表现形式与人类的实际需要以及行为密切相关。

3. 信息的特点

(1) 真实性。信息是对现实世界的客观反映,只有正确的信息才能够指导人类做出正确的决策,因此其应该具有真实性,这是信息的最基本特点。对信息进行真伪甄别是保证信息真实性的必要手段,同时也应该维护信息在传输和存储过程的真实性。

(2) 共享性。信息与物质不同,它是可以共享的,这种共享性可以使人类拥有同样的信息。例如:甲将某条信息告诉了乙,乙知道了信息而甲也没有失去信息;但甲把唯一的电脑送给了乙,则甲便失去电脑。

(3) 时效性。信息是具有生命周期的,信息只有在一定的生命周期内是有效的;超出了生命周期的信息是无效的。信息的时效性要求尽快地得到所需要的信息,并在其生命周期内最有效地使用它。为了保证信息的有效性,人类需要使用尽可能先进的设备来快速检索和收集信息。

(4) 不完全性。决策者在短时间内要得到有关客观事实的全部信息是具有难度的。决策的艺术就在于决策者如何快速收集信息,并对信息进行甄别,舍弃冗余、失真的信息,正确做出决策,并能够尽早付诸实施,这也是在竞争中获胜的有力保证。

(5) 滞后性。信息是数据加工后的结果,从数据处理为信息,信息影响到决策过程,决策过程到产生结果都需要时间,每个阶段无可避免地要产生时间延迟,所以信息具有滞后性的特征,其时间关系示意图如图 1-1 所示。

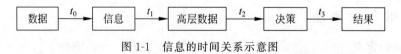

图 1-1 信息的时间关系示意图

从该示意图中可以看出：t_i 的值($i=0,1,2,3$)越大，由数据产生信息从而影响结果的时间就越长。要使信息在实际决策中更好地发挥作用，就需要尽量减少 t_i 的值。

（6）转换性。材料、能源和信息是人类发展的重要资源，三者紧密结合，有时又互相转换。在市场经济环境下，主要有物流、资金流和信息流，其中的物流可实现材料和能源的转换；信息流实现从一种模式向另一种模式转换。信息的产生、处理和传输离不开材料和能源，信息在管理中起主导性作用，是管理和决策的依据。在科技高速发展的现代社会，新产品的开发离不开信息，正确的决策离不开信息，信息可以转换为能源和材料，它已经成为比能源和材料更重要的资源。

（7）级别性。根据信息管理者需求和角度的不同，信息可分为不同级别。信息大致可分为战略级信息、策略级信息和执行级信息三个层次。以企业为例，战略级信息涉及企业的发展方向、目标、路线等，它主要来自企业外部，生命周期长、保密性强、加工处理方法灵活、使用频率不高。策略级信息涉及企业采用的技术设备、成本、经济效益等，它既包括来自企业外部的技术、原材料渠道等信息，又包括源于企业内部的加工能力、经济效益等信息。策略级信息的生命周期低于战略级信息，加工处理方法相对固定、使用频率较高。执行级信息涉及企业生产第一线的日常事务，它主要源于企业内部，生命周期较短、加工处理方法固定、使用频率高、保密性较低。

1.1.3　数据和信息的关系

数据是载荷信息的物理符号，信息是向人们提供有关现实世界新的事实的知识。数据和信息的关系相当于原材料和产品之间的关系，二者相互区别但缺一不可。

（1）并非所有的数据都可以表示（转化）为信息，信息是消化了的数据。根据接收者的不同，信息和数据的概念是相对的。以生产企业管理为例，材料单对于材料发货方是信息，而对于库存管理方则是数据。因为材料单是材料发货方对材料数据处理后生成的结果，而库存管理方将其作为处理库存量和库存结构的原始数据。

（2）数据是信息的具体表现，而信息则反映了现实的概念。即数据是随着物理载体的变化而改变，而信息不随载荷它的物理载体而变化。例如生产进度调整的通知，可以通过纸面材料传达，可以在公告栏公示，可以通过计算机办公信息转发，也可以通过移动客户端发送，虽然在不同的物理载体上，数据的表现形式不一样，但最终接受者获取的信息是相同的。

（3）在现实世界中，数据和信息是不断转换的，二者的转换关系如图 1-2 所示。

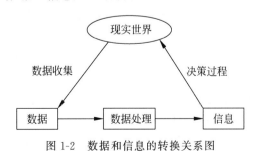

图 1-2　数据和信息的转换关系图

第 1 章

信息系统开发的相关概念

1.1.4 信息的生命周期

客观事物都要经历产生、发展和消亡的过程,信息也不例外。信息的生命周期包括需求、获取、存储、维护、使用和退出6个过程。其中需求是根据实际情况来确定可能需要的信息种类、范围和结构,这是信息生命周期的起始阶段。获取是得到信息的阶段,包括如何对信息进行识别、收集和表达,这一阶段的处理结果将直接影响最终决策的效果,也是信息生命周期的重要阶段。

1. 信息的识别

信息的识别包括决策者识别、分析员现场识别以及两种方法的结合。

(1) 决策者识别。管理者和决策者根据自身管理决策的需要以及系统目标向信息咨询人员提出所需信息的种类、内容范畴以及结构类型等。此类方法中,信息分析员可以直接访问决策者以阐明意图、减少误解,也可以发放正式的调查表以节省时间。但这种识别方法受决策者文化程度高低以及调查表设计合理与否的限制。

(2) 分析员现场识别。信息分析人员在系统开发过程中,通过调研、观察,在充分理解管理需求的基础上,对所需要的信息进行识别。信息分析员也可以深入到现场直接参加工作,从第三方的角度对信息需求进行分析,从而更深层地了解信息的来源、使用情况以及信息之间的联系。

(3) 结合识别。先由系统分析员观察得到基本信息需求,再向决策者调查补充信息。这种方法的优点是获取的信息真实、准确、可靠,缺点是时间成本比较大。

2. 信息的收集

有效信息被识别后,需要对其进行有目的的收集。信息的收集主要包括如下三种方法:

(1) 自底向上收集法。自底向上收集法要求在较长时间范围内有固定收集时间、固定收集周期和固定收集数据。例如,企业生产数据统计、国家人口普查、全国就业信息调查等。

(2) 专项收集法。这种方法主要是围绕某一主题进行有目的的收集。此类收集既可进行全面调查,也可进行抽样调查。例如,针对某问题的问卷调查表(如图1-3所示)。

(3) 随机收集法。此种方法没有明确的目的,只是根据系统总体目标将分散的有可能对管理决策产生影响的新颖数据积累起来,以备使用。例如,物流企业决策者不定期将大数据、云计算以及解决农村"最后一公里"问题的相关信息随机保存备用。

3. 信息的表达

对于收集完成的信息,需要选择合适的方式将其准确、完整地进行表达,常用的表达方式包括文字表达、数字表达以及图形表达。

(1) 文字表达。此种信息表达方式应该注意文字语义的简要、准确和完整,如:现行末端物流配送包括送货上门、自提柜和自助取货点等方式,不同方式的配送时间、配送成本受配送量的制约。避免出现二义性和双关语,如:某城市地下通道指示标识"24小时通往马路对面"(如图1-4所示)会造成歧义。

(2) 数字表达。此种方法一般比较准确(见表1-1),需要注意数字形式在使用时对决策者和管理者的影响。

5. 目前您网上购物后的常用收货方式是（ ）* [多选题]

- ☐ A.快递员直接送货上门
- ☐ B.配送员告知您取货时间和地点，让您马上前去签收，否则过时不候
- ☐ C.到附近的电子提货柜处自提
- ☐ D.便民机构（便利店，收发室或物业等）代收
- ☐ E.到附近的自提门店（京东校园派等高校快递驿站、集合多家快递公司的取货点）
- ☐ F.众包配送（京东众包、人人快递等）
- ☐ G.其他 _____ *

6. 您对各种电商末端配送方式接触程度 *

	没听说过	听说过但没用过	偶尔用	经常用
快递员直接送货上门	○	○	○	○
配送员告知取货时间和地点，让您马上去签收，过时不候	○	○	○	○
到附近电子提货柜处自提	○	○	○	○

图 1-3　专项收集法举例

图 1-4　文字表达二义性示例

表 1-1　数字表达示例表

	送货上门	自提柜	自助取货点
配送距离/千米	62.4	30.8	12.9
配送量	378	378	378
停留时间/分	40	40	8
车辆数目	5	2	1
行驶时间/分	82.6	23.7	10.4
等待时间/分	60	60	20
服务时间/分	1860	372	74.4
全部时间/分	2042.6	495.7	112.8
每单平均时间/分	5.40	1.31	0.30

信息系统开发的相关概念

（3）图形表达。图形表达具有整体、直观和可塑的特点，这种方法容易理解，能够反映出事物发展趋势，但是此种方法难以表示较为详细的信息（如图 1-5 所示）。

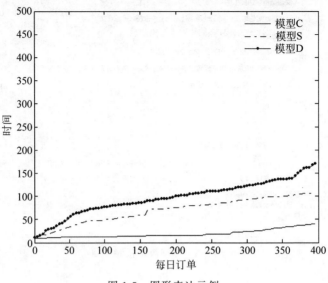

图 1-5　图形表达示例

1.2　信 息 系 统

1.2.1　系统的概念

系统源自希腊语 system，是一组为实现共同目标而相互联系、相互作用的部件集合。系统可分为自然系统和人造系统两种类别。其中自然系统包括人体系统、地球系统、太阳系系统以及宇宙系统等；人造系统是指人类为达到某种目的而创建的系统，例如手机系统、汽车系统、教育系统、医疗系统、卫星系统等。

1. 系统的定义

系统通常被定义为一个整体，它由若干具有独立功能的元素组成，这些元素之间相互联系、相互制约，共同完成共同的目标。目标、元素和联系是系统概念中不可缺少的要素。不同组织从多个角度对系统进行了定义，如：

- 美国著名的生物学家、系统论的创始人之一 L. V. Bartalanffy 提出：系统是许多组成要素的综合体。
- 美国国家标准协会（ANSI）对系统的定义是：各种方法、过程或技术结合到一起，按照一定的规律相互作用而构成的有机整体。
- 日本 JIS 工业标准中将系统定义为：系统是许多组成要素保持一定的秩序，向同一目标行动的事物。
- 国际标准化组织（ISO）将系统定义为：系统是内部互相依赖的各个部分，按照某种规则，为实现某一特定目标而联系在一起的合理的、有序的组合。

一般系统都包括 6 个组成部分：输入、输出、处理、控制、反馈和边界。系统根据预先设定的控制接收来自边界的输入，经过处理后形成输出，并提供反馈机制进行必要的修改、完善。其中的输入指外界向系统的流动；输出指系统向外界的流动；边界指将系统与外界分割开的一条假想线,边界内表示系统的范围,包括系统的要素、性能和选项等。

2. 系统的特性

根据系统的定义,可以得到系统具有 5 方面特性：整体性、层次性、目的性、关联性和环境适用性。

(1) 整体性。从系统的定义可以看出,系统内的各个组成部分都是为了某一特定目标而联系在一起的。对于系统的评价应该着眼于系统的整体,即要从总目标、总要求出发,而不能单从系统的某一要素或子系统的角度进行评价。只有当系统的各个组成部分和它们之间的联系服从系统的整体目标和要求时,系统的整体功能才能最优地协调运行。系统的整体性包括如下三方面含义：

- 系统功能的非叠加性。系统整体功能通常不能认为是各局部功能的简单叠加。形成一个系统的诸要素集合要具有一定特性,而此特性是其中的任何一个局部所不能具备的。即系统是不可分割的整体,一旦系统被分开,则原有系统的性质将不复存在。

- 系统整体联系的统一性。系统要素的性质和行动并非独立地影响整体的性能,而是相互影响、交叉协调地适应系统整体的需要以完成整体功能。

- 系统要素的不可分离性。构成系统要素的独立个体可能未必是良好的,但很多要素可以构成性能良好的系统整体；从另一个角度来看,即使构成系统要素的独立个体是完善的,也未必一定可以组成良好完善的系统整体。

(2) 层次性。系统可以分解为一系列的子系统,这种分解实质上是系统目标、系统功能或任务的分解,而各子系统又可以分解为更低一层的子系统。一个系统可以由许多子系统组成,这样就构成了一个层次结构。例如,某调度管理系统可看作一个系统整体,它可以被分解为登录系统、增加系统、查询系统、修改系统和删除系统；其中,查询系统又可被分解为精确查询子系统、模糊查询子系统以及分类查询子系统等。

(3) 目的性。建立一个系统就是为某一特定目标服务的,每个系统都有其要完成的任务和达到的目的。系统的目的决定着系统的基本作用和功能,而系统的功能是通过一系列子系统的功能体现的,这些子系统的目标可能存在互斥的矛盾,解决方法就是寻找平衡不同子系统目标的折中解,从而达到系统总体目标的近似最优。例如,车辆调度系统中存在总里程最短调度系统、总成本最低调度系统和客户满意度最高系统,同时满足这三个子系统目标的最优解是不存在的,解决的方法就是从系统整体的角度进行平衡和折中。因此,开发系统的首要任务应该是确定系统整体目标,此目标必须是明确、可施行、不空洞、不存在二义性的。

(4) 关联性。由于系统是内部各个元素彼此相互依存又相互制约形成的,因此,构成系统的要素之间、要素与系统之间、系统与外界之间存在着相互联系、相互依存、相互制约的关系。各个组成部分在功能上相对独立,又相互关联。这种关联决定了整个系统的特定功能和系统的机制。在实际应用中,不仅要指出系统中有哪些元素,还要指出这些元素是如何联系的。因此,在划分子系统的时候,既要有适当的相对独立性,又不可划分过细,具体划分方法将在后续章节进行详细介绍。

(5) 环境适用性。任何一个系统的存在必然被包含在一个更大的系统内,这个更大的

信息系统开发的相关概念

系统被称为"环境"。任何一个系统都是更大系统的子系统,如:消化系统是人体系统的子系统。任何系统都存在于一定的环境中,环境可以理解为一个系统的补集。系统与系统所在环境之间通常有物质、能量和信息的交换。因此,系统要发挥作用达到应用的目标,其自身必须适应外部环境的变化。例如,某项目要达到其确定的目标,必须了解同类型前沿项目的动向、业界的最新研究成果、国家的政策导向以及市场需求等一系列环境因素。

3. 系统的基本观点

系统的观点最早可追溯到 20 世纪 30 年代,当时的科学家在心理学、生物学以及自然科学中发现系统的某些固有性质与个别系统的特殊性存在相关性。自二战前夕,路得维希·冯·倍塔朗菲提出了一般系统的概念和系统理论,系统的综合性才逐渐被人们所接受。随后,1954 年一般系统理论促进协会成立,1957 年美国科学家古德的《系统工程》一书公开出版。随着计算机的应用和普及,系统工程的思想和方法已经逐渐渗入到各个不同领域。

系统的基本观点是系统必须用于实现特定目标;系统与外界环境之间要有明确的边界,并通过边界与外界进行物质或信息的交流;系统可划分为若干个相互联系的部分,并且系统是分层次的;在各个系统之间存在物质和信息的交换;系统是动态的、发展的。

4. 分析研究系统的原则

分析研究系统包括 6 方面原则:

(1) 明确系统的目的,了解系统要完成的任务。任何一个系统都有它的目的,因此必须明确系统的目的,了解系统所要完成的任务,清楚系统的输出。例如,车辆调度管理系统的目的是调度车辆完成既定的配送任务,生产车间管理系统的目的是做好排产计划,使车间顺利完成工件的加工和生产任务。

(2) 掌握系统的处理流程。要分析系统的目标,就要清楚系统运行经过的输入、处理和输出整个流程。只有掌握系统的流程,才可以进一步明确系统的任务。

(3) 自顶向下进行研究。对系统的研究应该是自顶向下进行研究,了解系统全局的观点,在此指导下,将复杂的系统分解为相对独立的子系统,从而分解至便于掌握和易于理解的子模块系统。

(4) 把握系统的分与合。一个系统是另一个更大系统的子系统,而每个系统又可分解为若干个子系统。在系统的研究中,可根据需要进行系统的分解和合并。分解是为了细化系统,从而简化研究工作;合并是为了从整体上研究系统,从而掌握系统的整体情况。

(5) 区分系统与环境。每个系统都有其边界,因此,要对系统进行研究必须首先明确系统的范围和界限。任何一个系统总是存在于一定的环境中,它从环境中获取物质和信息完成输入,同时,对输入加工处理后又将结果(输出)反馈给环境。系统的目标就是在这种不断输入和输出过程中体现的。

(6) 注意系统的应变性。任何一个系统都处于一定的环境中,因此它必须和环境存在密切的联系,一方面是环境对系统产生一定的影响;另一方面是系统对环境也有一定的反作用。因此,在信息系统的分析和管理过程中,应该首先明确系统的目标,划分出系统和外界环境,然后按照自顶向下的顺序分析系统的各个组成要素,明确各组成要素之间的信息交换关系,最后进行系统的详细设计。在整个建设过程中,始终注意系统的应变性,这一原则在信息系统的分析研究中至关重要,因为应变能力差的系统会增加对它维护的难度,降低其生存期。

5. 系统方法论

系统方法论是研究系统工程的思考和处理问题的方法论。它是以研究大规模复杂系统为对象、以系统概念为主线,引用其他学科的一些理论、概念和思想而形成的多元目的科学;作为工程,它又具有和一般工程技术相同的特征,除此以外它还具有本身的特点。

系统方法论的要点包括系统的思想、数学的方法以及计算机应用技术。其中,系统的思想是指把研究对象作为一个系统,考虑系统的一般特性和被研究对象的个性。数学的方法是指用定量技术(数学方法)来研究系统,通过建立系统的数学模型,对得到的结果进行分析,再重新应用到原系统。计算机技术是指在计算机上用数学模型对现实系统进行模拟,以实现系统的最优化。

1.2.2 信息系统的定义

信息系统(Information System,IS)是一种供一人或多人使用的协助完成一项任务或作业的人造系统,它是为支持决策和过程而建立,对组织内业务数据进行收集、处理和交换,以支持和改善组织的日常运作,满足管理人员解决问题和做出决策所需各种信息的系统。简单地说,信息系统就是输入数据、通过加工处理产生有用信息的系统。

信息系统的组成包括输入、输出、处理、控制、反馈、边界、人员、过程和数据,其中前 6 个部分属于一般系统的组成,后 3 个部分属于信息系统特有的组成。从信息系统的概念和组成的角度看,信息系统并未强调计算机系统的必要性,即计算机系统仅是信息系统进行信息处理的一种工具。如果在信息系统的组成上增加硬件和软件,则信息系统便成为了依赖于计算机的自动信息系统。

1.3 管理信息系统

管理信息系统属于新兴的交叉性学科,不同学者从各自的角度对其进行了定义。例如,1970 年,Walter T. Kennevan 将管理信息系统定义为:以口头或书面的形式,在合适的时间向经理、职员以及外界人员提供过去的、现在的、预测未来的有关企业内部及其环境的信息,以帮助他们进行决策。1980 年,《中国企业管理百科全书》将其定义为:管理信息系统是一个由人、计算机等组成的能进行信息收集、传送、存储、加工、维护和使用的系统。管理信息系统能实测企业的各种运行情况;利用过去的数据预测未来;从企业全局出发辅助企业进行决策;利用信息控制企业的行为;帮助企业实现其规划目标。1985 年,管理信息系统的创始人,明尼苏达大学卡尔森管理学院的教授 Gordon B. Davis 对管理信息系统作出了较为完整的定义:管理信息系统是一个利用计算机硬件和软件、手工作业、分析、计划、控制和决策模型,以及数据库的人机系统。它能提供信息支持企业或组织的运行、管理和决策功能。该定义对管理信息系统的目标、功能和组成进行了较为全面的说明。

综合不同学科的分析和研究,管理信息系统可以定义为:"管理信息系统是一个由人、计算机组成的能进行信息收集、传递、存储、加工、维护和使用的社会技术系统,管理信息系统能实测企业的各种运行情况,利用过去的数据预测未来,从企业全局出发辅助企业进行决策,利用信息控制企业的行为,帮助企业实现其规划目标。"

管理信息系统的定义包含 4 个重要观点,即人机系统、集成化、社会技术系统和能为管

信息系统开发的相关概念

理者提供信息服务。

1. 人机系统

管理信息系统是融合人的管理能力和计算机强大的处理存储能力为一体的协调、高效的人机系统。该系统为开放式系统,在此系统中真正起到执行管理命令,对企业的人力、财力、物力、资金流和物流等进行管理和控制的主体是人。计算机充当的角色自始至终都是辅助管理的有力工具。

2. 集成化

所谓集成化是指系统内部的各种资源设备统一规划,以确保资源的最大利用率。利用数据库技术,通过集中统一规划中央数据库的运用,使得系统中的数据实现其一致性和共享性,系统各部分应该协调一致、高效、低成本地完成企业日常的信息处理业务。

3. 社会技术系统

管理信息系统的研究涉及管理学、信息学、心理学、运筹学等多个学科领域,不是一种理论或观点可以笼统概括的,其主要涉及技术方法和行为方法两大领域。技术方法处理的是信息系统的规范数学模型,支持技术方法的学科有计算机科学、管理科学、经济科学以及运筹学。行为方法处理的是不能用技术方法的规范模型来表达的部分。例如,社会学家重视信息系统对群体、组织和社会的作用,经济学家关心的是信息系统对社会或组织的经济效益,心理学家关注的是个人对信息系统的反应和人类推理的认知模型。行为方法不忽视技术,而技术又是产生行为问题的因素,因此,管理信息系统是一个社会技术系统。

4. 为管理者提供信息服务

管理信息系统处理的对象是企业生产经营全过程,通过反馈为企业管理者提供有用的信息,管理信息系统与电子数据处理系统(Electronic Data Processing System,EDPS)的区别在于其更强调管理方法的作用,强调信息的进一步深加工,即利用信息来分析企业或生产经营状况,利用各种模型对企业生产经营活动的各个细节进行分析和预测,控制各种可能影响企业目标实现的因素,以科学的方法,最优地分配各种资源,如设备、任务、人力、资金、原料和辅料等,并合理地组织生产。

1.4　本　章　小　结

管理信息系统是由人和计算机等组成的可以进行信息收集、传递、存储、加工、维护和使用的系统,它是综合了管理科学、系统理论、计算机科学的边缘学科。现代管理信息系统主要依赖于计算机,它的三要素是系统的观点、数学的方法以及计算机应用。

第2章 软件工程开发方法

2.1 结构化生命周期法

客观世界存在的系统都有其产生、发展和消亡的过程,软件系统也不例外。新的系统总是在旧系统的基础上产生,继而发展、衰退直至消亡,这个系统发展更新的过程可称为系统的生命周期(如图 2-1 所示)。

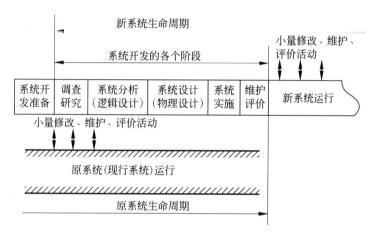

图 2-1 系统生命周期示意图

2.1.1 传统生命周期法

生命周期法是软件系统开发初期最常用的方法,其主要思想是将软件系统从系统调查开始,经过系统分析、系统设计、系统实施、系统维护与评价,直至要求建立新的系统看成是一个生命周期的结束。生命周期法强调计划性,排斥不确定的随意性;强调从设计到生产各个阶段都应该有严格的划分,要有具体的工作内容;强调所有参与的工作人员的构思、创意和设计都必须有可以与他人交流的书面或其他的文档记载,以确保项目可以由多人合作完成。

生命周期法具有严密的理论基础,它的思想基础是在系统建立之前信息就能被充分理解,要求系统开发人员和用户在系统开发中要对系统功能有全面的认识,在开发之初就可以对系统进行剖析,能设计出满足用户要求的系统。但传统生命周期法存在固有的弊端,例如过多强调系统的功能和开发费用,而忽视最终用户的需求;过多关注机器和系统的性能,而忽略了用户在调查研究中所起的重要作用。

2.1.2 结构化生命周期法

20世纪70年代,西方一些工业发达的国家总结了传统生命周期法的经验和教训,发展了基于结构化思想的系统分析和设计方法。这里的"结构化"来源于结构化程序设计中的3类基本逻辑结构,即顺序结构、选择结构和循环结构。结构化的思想重视标准化和线性化,融入了结构化思想的生命周期法就形成了结构化生命周期法,这是管理信息系统在系统开发中最为成熟也是应用最为广泛的方法。

结构化方法的基本思想是用系统的思想、系统工程的方法,按照用户至上的原则,结构化、模块化、自顶向下地对信息系统进行分析与设计。相对于传统化的方法,结构化方法在使用过程中主要遵循5种基本原则,即面向用户的观点、严格区分工作阶段、自顶向下开发、充分考虑变化以及开发成果的规范化和标准化。

(1)面向用户的观点。用户的要求是系统开发的出发点和目标。软件系统最终是要为用户服务的,系统开发的成果要交付给管理人员使用。系统的成败取决于其是否符合用户的要求,即取决于用户的满意度。结构化方法强调用户参与到系统分析与设计中的重要性。在系统的整个开发过程中,系统开发人员应该始终与用户保持联系,从调查入手,充分理解用户的信息需求和业务活动,使用户能够随时了解到工作的进展情况,并可以从业务和使用者的角度提出新的需求,保证系统的开发更加合理和符合用户的习惯。

(2)严格区分工作阶段。结构化方法主要强调的是把整个开发过程分为若干个阶段,每个阶段都有其明确的任务和目标以及预期要达到的阶段性成果。前一个阶段是后继阶段开发的基础和依据,前一个阶段的任务完成后,才可以开始后继阶段的任务,即可行性分析没有完成以前不要开始进行系统规划,系统规划没有完成以前不要进行系统设计等,以此保证软件系统能够循序渐进地开发。

(3)自顶向下开发。自顶向下(Top-Down)的分析设计思想是指在分析问题的时候应该首先从全局的角度出发,将各阶段的分支任务组合到整体中统一考查,在保证全局正确性的前提下,再逐层分析处理局部问题。在系统分析阶段,按照全局的观点对企业进行递推式分析,即自上而下、由表及里、逐层分解,之后再逆向回归进行综合,构成系统的信息模型。在系统设计阶段,首先将系统功能作为一个整体,之后再按模块逐级拆分,完成系统模块的结构设计。在系统实施阶段,首先实现系统的框架,再自顶向下地充实和完善系统内部的具体功能。

(4)充分考虑变化因素。客观世界是不断变化的,而软件系统开发和运行的环境依赖于客观世界,即软件系统分析、设计、开发乃至运行也是不断变化的。例如,用户对系统的需求和期望是在不断变化的,这使得系统的分析和设计要随之作出调整;系统的内部处理模式是不断变化的,这将引起系统设计和运行模式的变化。因此,在对系统进行开发时,要考虑可能出现的变化因素,并以此作为衡量开发设计的准则,这也是结构化方法设计过程所必需的。在系统设计中,把系统的可变更性放在首位,运用模块结构方式来组织系统,使系统具有一定的灵活性和可修改性。

(5)开发成果规范化和标准化。软件系统是具有高复杂度的系统,涉及的人员广泛,跨越周期长。为了保证工作的连续性,每个开发阶段的成果都要有详细的文档记载。要把每个步骤所考虑的情况以及出现的问题和交付物总结为完整的文档,文档的格式要求规范化、标准化。这些文档在开发过程中是开发人员和用户进行交流的工具,也是对系统进行维护的依据。因此,开发成果描述应该简洁、明确、无歧义。

2.1.3 结构化方法开发过程

按照结构化的思想可将管理信息系统划分为 6 个阶段,即系统可行性分析、系统总体规划、系统分析、系统设计、系统实施和系统运行管理。本教材在后续章节将对每阶段的工作、方法以及文档要求做详细讨论,以下先简要介绍各阶段的任务。

(1)可行性分析。在此阶段,系统分析人员首先采用不同的方法对现行系统进行调研,明确现行系统的边界、组织分工、业务流程、现有资源以及存在的缺陷等待完善环节。然后,从有益性、可能性以及必要性等角度对新系统的运行效率、经济效益和社会效益进行分析。最后,在了解现有调查资料的基础上,与用户进一步讨论确定新系统的目标,并对新系统的技术可行性、经济可行性和运行可行性进行详细分析。这一阶段的成果和交付物是可行性分析报告。系统分析人员需要和用户一起对提交的报告进行审核和论证,审核和论证通过后可进入系统总体规划阶段。

(2)系统总体规划。新系统分析具有立即开发的可行性后,可进入系统总体规划阶段。此阶段是从总体全局的角度对新系统的组成部分、不同模块可共用的主题数据库(数据类)进行规划。根据信息与功能需求提出计算机系统硬件网络配置方案,同时根据管理需求确定系统中模块的开发顺序以及制定完整的开发计划,从而方便对人员、物资以及资金进行合理的调配。这一阶段的成果和交付物是系统规划报告。管理人员、系统分析人员和系统开发人员需要共同对该报告进行论证,论证通过后可进入系统分析阶段。

(3)系统分析。系统分析阶段是新系统的逻辑设计阶段,该阶段的主要任务包括按照系统总体规划的要求,对系统组织机构、业务流程进行详细调查;详细分析系统的业务流程,提取数据流程,确定新系统的逻辑结构,建立数据字典;详细分析各模块对不同类信息加工处理的方法,以满足用户对系统的功能性需求;用业务流出、数据流图、数据字典以及各种处理逻辑表达工具来描述分析结果,以形成对立于具体物理设备的新系统逻辑模型。这一阶段的成果和交付物是系统分析报告。系统分析人员需要和用户共同对该报告进行论证,论证通过后可进入系统设计阶段。

(4)系统设计。系统设计阶段分为总体设计(概要设计)和详细设计两部分,总体设计的主要任务是完成对系统总体结构和基本框架的设计;详细设计的主要任务是在初步设计的基础上,将设计方案进一步条理化、规范化和细致化。该阶段解决的是新系统开发过程怎样做的问题,其重点是要把系统功能需求转化为系统设计说明书。系统设计的任务包括系统结构设计、处理流程设计、代码设计、输入输出设计、数据库设计以及网络设计等。结构化方法系统设计的关键系统的模块化。该阶段使用的工具包括结构图、系统设计原则、设计策略,其中的结构图是一种图形工具;系统设计原则包括系统中模块间的耦合性、内聚性、模块分解、扇入和扇出;设计策略是以事务为中心的策略(事务分析)和以变换为中心的策略(变换分析),这两类策略可以帮助将数据流程图转化为结构图。这一阶段的成果和交付物是系统设计说明书,该阶段结束后可进入系统实施阶段。

(5)系统实施。系统实施是在系统设计的基础上进行具体的物理实施。这一阶段的主要任务包括设备安装、程序编制、数据录入、系统测试以及人员培训等。这一阶段的成果和交付物是完整的程序清单、测试报告以及系统使用说明书。

（6）系统运行管理。系统运行管理阶段的主要任务包括对系统进行维护（修改或扩充升级）、运行情况记录、日常运行管理以及运行情况评价等。系统转换后对系统的绩效按照预定标准进行评价。这一阶段的成果和交付物是系统评价分析报告。

通过以上各个阶段后，新系统将替代旧系统运行，但是在新系统运行的整个生命周期，需要对系统进行有计划的维护评价工作以提高系统对环境的适应性。当系统运行至无法满足用户提出的新的目标需求时，在此基础上的更新的系统的生命周期便开始了，需要进行新一轮的系统开发流程。

在新系统开发的 6 个阶段中，系统分析是最关键的阶段，该阶段的成果是新系统逻辑模型，它是新系统开发的重要依据；而系统实施阶段是工作量最大、开支最多，并且耗时最长的阶段。

2.1.4 结构化方法的特点

（1）结构化生命周期法的假设前提是预先定义需求的策略，这只对某些软件适用，而对于需求模糊的系统不适用，因为预先定义的需求可能已经过时，不适用于当下环境。如果在系统开发后期改变需求就会付出较大的代价，有的代价甚至是不可弥补的。

（2）在结构化生命周期法的使用过程中，项目的参与者之间往往存在通信鸿沟，在需求阶段定义的用户需求通常会出现不完整和不准确等问题。

（3）生命周期法使用的基本技术核心是结构化，其中的结构化分析和结构化设计是建立在系统生命周期概念基础上的。

（4）结构化分析、结构化设计的本质是功能分解，即从代表目标系统整体功能的对立个体处理入手，自顶而下地把复杂的处理分解为子模块，直至分解到容易实现的简单子模块。当子模块简单到使其功能显而易见时，则停止该分解过程，并完成记录各个最低层模块的过程描述，例如，Word 字处理系统的"文件"分解至"打印"子模块，其功能是显而易见的。但是，用户的需求变化多是针对功能的，而子模块的处理应该避免随意性，不同开发人员对相同系统的划分也是有差别的，这就导致用结构化方法设计的系统结构可能是不稳定的。本书将在第 4 章对有关子模块划分原则作详细介绍。

（5）系统分析和系统设计阶段采用的工具有差异性。在从系统分析到系统设计的转换过程中，数据流图和结构图的一致性难于判断，两个阶段之间也存在不同程度的不一致性问题。

（6）结构化生命周期法开发的软件具有一定的局限性，具体表现为其稳定性、重用性和可修改性都相对较差。因为这种方法通常把数据和操作作为分离的实体，以至于一些具有潜在可重用价值的软件和具体应用环境在实现阶段已经密不可分了，这不利于及时适应随时变化的用户需求。

（7）结构化生命周期法的主要缺点还表现在过于耗费资源。收集资料和撰写整理不同阶段文档的工作量很大，这不但会耗费大量的人力、物力，而且可能造成大量的时间开销。一个中等规模项目的开发周期可达到 3～8 年，在这期间很容易出现用户需求发生改变的情况。因为这种方法是基于文档的，所以其具体实施还缺乏修改的灵活性。

结构化生命周期法主要适合于开发能够预先定义需求、结构化程度较高的大型事务性系统和管理信息系统，适用于有严密的系统分析和开发控制的系统，如复杂的控制系统、航空管制系统或卫星发射系统等，还适用于需求信息稳定不变的系统。这种方法不适用于用户需求经常发生改变的小型规模系统的开发，也不适用于用户需求难以事先确定的系统、结构化程度低的系统、无结构的系统。

针对结构化生命周期法无法适用的系统，需要采用其他更好的开发方法来适应用户不断变化的需求。

2.2 原型化方法

现实世界存在两类软件系统，一类是需求稳定能够预先确定的系统，另一类则是系统的需求是模糊的或随时间变化的，通常在系统安装运行之后，还可能由用户驱动对需求进行动态修改，即用户驱动系统，不能及时准确地获取用户的需求，可能导致最终开发的系统是用户不满意的失败产品，图 2-2 描述了缺乏与用户有效沟通对开发系统可能带来的后果。

图 2-2　缺乏有效沟通的开发示例

原型化方法便是一种基于反复试探技术的可以帮助快速、准确地获取用户需求的一类有效开发方法。

2.2.1　原型化方法概述

20 世纪 60 到 70 年代，由于软件系统的使用范围有限，使用环境相对稳定，因此其规模相对较小，大多集中于仓储、财务以及设备管理方面。由于用户对此类系统的工作方法比较了解，因此可以在开发初期对系统的功能进行剖析、深入了解，并设计出满足用户要求的系统。但随着科学技术的飞速发展和生产水平的提高,为了适应这些需求就要不断地实施维护工作,如果维护和开发工作无法适应用户的需求,就会影响系统的运行和使用。为了解决传统方法所面临的难题,在 20 世纪 70 年代中期,相关研究者提出了一种旨在改进生命周期法缺点的新的开发方法——原型化方法。

原型化方法就是根据用户提出的需求,由用户与开发人员共同确定系统的基本要求和主要功能,并在较短时间内建立一个实验性的、简单的、可以直接模拟运行的系统,这个系统称为"原型",作为原型的系统不要求功能的完备。用户根据原型可以更直观地想象出未来系统的雏形。用户通过对原型系统的直接操作可能激发出新的需求或提出对已有的需求作出修改,开发人员根据用户提出的意见在原型的基础上进行修改,随着用户和开发人员对系统理解的深入而不断对基本需求进行补充和细化,直至满足用户的最终需求,生成较为稳定的管理信息系统。原型化方法中系统需求的定义是在逐步发展的过程中进行的。

2.2.2 原型化方法的开发过程

原型化方法是先了解用户的基本需求,把需求看成是开发人员与用户之间不断沟通和反复交流并逐步达成共识的过程。这种方法意味着用户在开发过程中分阶段地提出新的需求,开发人员根据用户的要求不断对系统进行完善,如此循环迭代。

原型化方法与结构化生命周期法的相同之处在于它也要首先从宏观上对系统开发的必要性和可能性进行研究,论证可行之后才进入到开发阶段。原型化方法开发流程如图 2-3 所示,从图中可以知道,该方法始于可行性研究,当系统开发完成后原型将会被放弃或重用。

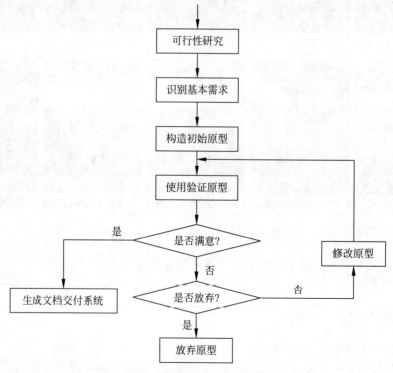

图 2-3 原型化方法开发流程

原型化方法的开发包括识别基本需求、构造初始原型、使用和验证原型、修改和改进原型、判定原型是否完成以及生成文档并交付系统 6 个过程。

1. 识别基本需求

原型化方法实施的前提是先要了解用户系统的基本需求,基本需求包括系统结构、系统功能、输入和输出要求、数据库基本结构、系统接口等。它与传统的严格定义方法的主要区别在于对用户需求的识别和表达不需要一次性完成,而且该阶段所获取的基本需求可能是不完全,甚至是有缺陷的,需要在后续阶段进行不断补充。基本需求的识别是原型化方法的首要任务和构造原型报告的重要依据,经验表明,由基本需求导出的初始原型在需求方面的准确性最少应该达到 60% 以上,否则可能导致系统交付延迟甚至失败。原型化方法中的迭代是开发人员和用户交换意见和完善需求的有效手段,此时的迭代主要表现在用户对初始原型系统进行评价并提出意见,开发人员根据用户的意见进行修改,然后用户对修改后的原型系统再进行评价,如此反复,直到用户满意为止。每一次的迭代都是原型系统向更接近用户满意的方向更进一步。

2. 构造初始原型

原型开发的早期人员组成应该避免过多,以防止过多的信息交流路径(由数学的知识可以知道,n 个节点之间存在 $n\times(n-1)/2$ 条两两联通的路径)。开发一个初始原型所需的时间根据系统的规模、复杂度以及完整度的不同而有所差异,一个原型系统的开发最好控制在 3~6 周,最长不要超过两个月。初始原型系统的质量对原型化方法开发也有着重要影响。因此,初始原型应该是最终系统的核心部分,每一次的迭代都应该以初始原型为依据。过于简单的原型会增加后续迭代工作的代价;过于复杂的原型有可能影响系统的响应速度和降低系统的开发运行效率。原型化方法的一个特点就是要求原型构造速度要快,这就需要依赖于一些专门进行原型构造的软件工具。

3. 使用和验证原型

开发人员完成的原型系统是否满足用户的需求,必须由用户来使用和验证,同时在此基础上提出新的需求以修改和完善原有的需求。原型系统迭代初期的主要工作包括:用户对原型系统运行方式和操作方法进行熟悉;总体检查,发现原型中隐藏的错误;用户对系统进行实际操作。原型系统迭代后期的主要工作包括:检查是否存在不正确的或遗漏的功能;和用户协商共同提出进一步改进的建议;完善系统界面,力求界面简洁、可操作性强。需要注意的是,原型系统应该在人机交互和用户与开发人员交互的过程中逐步得到完善。

4. 修改和改进原型

根据使用中发现的问题和用户提出的新要求对原型进行修正和改进是原型化方法的实质性阶段。在极少的情况下,如果发现初始原型的大部分功能与用户的需求相悖时,就应该立刻放弃当前原型。原型化方法一般都是基于初始原型而不断做逐步的改进。在构造和完善原型过程中,建议保留改进前后的两个原型版本,以方便用户对两个并存的版本同时运行并进行比较,从而做出适当的选择和决策。

5. 判定原型是否完成

判定原型是否完成就是要判断用户的各项应用需求是否已经被掌握并开发出来。如果用户和开发人员都对系统满意,则系统经过不断迭代会形成一个完整的管理信息系统,如果双方意见没有达到统一,则必须对原型进行彻底修改或放弃。

6. 生成文档并交付系统

系统经过反复修改和验证最终被用户所接受时,就要进行文档撰写整理,然后将系统交付用户使用。原型化方法和其他方法一样,也需要有一套完整的文档资料,它包括用户的需求说明和原型本身的说明文档。

2.2.3　原型化方法的种类

原型化方法中的原型根据其在系统开发中的作用可分为进化式原型和丢弃式原型两类。

1. 进化式原型

进化式原型(Evolutionary Prototyping,EP)的开发思想是用户的要求以及系统功能都在持续发生变化,从基本需求开始,首先开发一个用户能够运行的功能并不完善的系统,然后在系统运行的过程中,针对发现的和需要补充的问题随时进行更新设计。初始系统开始可能仅完成一项或某几项功能,随着用户对系统操作的熟悉和了解的加深,开发人员对初始系统中不适应的功能进行重新设计、实施、修改以增加和完善系统功能,使用较为广泛的原型是演进型原型(Evolutionary Prototyping)。

2. 丢弃式原型

丢弃式原型(Throw-it-away Prototyping,TP)的作用只是在于描述和说明系统的需求,充当开发人员和用户之间进行交流的工具,而不会作为实际的系统运行,类似于现实世界的模型(汽车模型、楼盘的沙盘模型等)。这种原型只是从外观上模仿实际系统,当交流的任务完成后,它的使命也就完成,管理信息系统开发中典型的丢弃式原型是纸面原型或借助软件工具生成的不同界面原型,图 2-4 描述的是进行银行自动提款管理系统开发时,借助画图工具完成的一种丢弃式原型界面。丢弃式原型按其具体功能可分为多种形式,常见形式的包括研究型原型(Exploratory Prototyping)和实验型原型(Experimental Prototyping)。

图 2-4　丢弃式原型示例

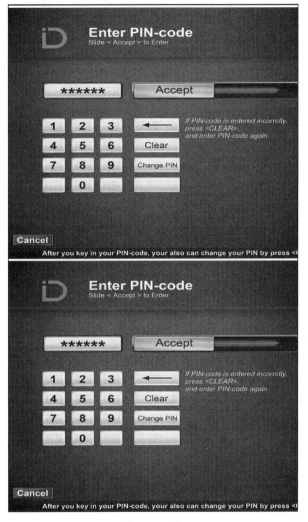

图 2-4 （续）

（1）研究型原型。针对系统目标模糊，用户及开发人员缺乏经验情况下的原型，其目的是明确系统目标的要求，确定所期望的特性并探索多种方案的可行性。

（2）实验型原型。用于大规模开发和实现之前考核、验证方案是否合适，系统说明是否可靠。

（3）演进型原型。这种原型的目的不在于改进系统说明书和用户需求，而是使系统结构易于变化，并在改进过程中对原型进行逐步积累，将原型演进成最终满意的系统。

2.2.4　原型化方法的构造方法

典型的演进型原型构造方法根据其进化的过程不同可分为递增式和演变式两种开发形式。

1. 递增式系统开发

递增式系统开发原型(Incremental Prototyping)主要用于解决需要集成的复杂系统的设计问题。采用此方法,在开始时系统有一个总体框架,各模块虽然没有开始具体实现,但是其功能和结构是清楚明确的,即系统的功能属性、系统组成等信息已经确定,基本不会再进行修改。所有的开发工作都基于系统的组织结构以及模块的外部功能不再发生改变的前提。递增式原型的开发过程分为总体设计和反复进行的功能模块实现两个阶段。

2. 演变式系统开发

演变式系统开发的过程是把系统开发看作是一个从设计到实现,从实现到评估反复进行的周期过程。最终产品则被看作是各个阶段评估的版本序列。研究型和实验型原型构造模式可以在进化式系统开发早期中混合使用。在演变式开发中开发人员根据用户要求反复修改自己的程序,所以在进行工程的实际实施时,需要加强管理和控制,必须围绕基本需求进行,否则可能陷入无休止的反复循环而使时间成本和经济成本都无法得到有效控制。

2.2.5 原型化方法的特点

原型化方法具有如下 5 个主要区别于结构化生命周期方法的特点:

(1) 系统的开发效益高。原型化方法的开发使用原型工具,从设计到修改的时间短,因此系统开发周期短、速度快、费用低,可以获得较高的综合开发效益。

(2) 系统的可维护性强。由于系统开发的过程增加了用户的参与,提高了用户对系统功能的理解和接受,这也有利于系统的运行管理和维护,方便了系统由开发人员向用户的移交环节。

(3) 系统的适应性好。由于原型化方法以用户为中心,系统的开发符合用户的实际需要,所以系统开发的成功率高,易于被用户所接受。在原型化方法开发的全过程中,用户信息反馈更加及时、准确,这避免了结构化生命周期法中存在的需求分析的错误随着后续阶段的进展而更加严重的缺点,同时用户对系统模型的描述也更加准确。

(4) 系统的可扩展性好。由于原型化方法开始并不考虑开发细节问题,系统是在原型应用的过程中不断得到修改、补充和完善的,因此系统具有较强的可扩展性,功能的增减都较为方便灵活。

(5) 系统的学习性高。原型化方法的开发全过程都有用户的参与,用户对系统更加了解,因此降低了用户学习系统的难度、减少了对用户培训的时间。

2.2.6 原型化方法的局限性

原型化方法的优点在于能够准确获取用户不断变化的需求,提高用户的满意度。因此,这种方法适用于用户需求不明确、规模较小而无须集中处理的系统,还适用于有成熟借鉴经验的或针对最终用户界面的系统开发,此外,原型化方法开发系统周期短、成本低。

但是,原型化方法在使用范围和工作方式方面有自身难以克服的局限性。首先,单用原型化方法无法替代详细的需求分析和结构化设计方法,不能作为最终严谨的正规文档,原型化方法不适用于规模较大系统的开发,也不适用于批处理系统和包含复杂的逻辑处理功能的系统。其次,原型化方法经常忽视开发中的测试,导致测试工作不彻底从而给系统留下隐患;由于原型化方法是基于不断修改的工作方式,因此往往忽视有效完整文档的编写,这也给系统运行后的维护增加了难度。原型化方法的局限性还表现在其运行效率可能较低,由于最初的原型结构可能不是合理的,而以此为模板经过多次修改的最终系统可能会存留一些结构上的不合理性,那么当系统运行于数据量较大或多用户环境时,系统的运行效率可能会降低。

2.2.7 原型化方法设计实例

原型化方法可使用的开发工具包括 CASE 工具、应用系统产生器、报表产生器、屏幕界面产生器等。本节以开发人力信息资源管理系统为例,用原型化方法进行系统的界面设计(如图 2-5~图 2-9 所示)。该界面使用 Photoshop 画图软件对实际待开发新系统进行模拟,面对界面原型可以使用户有直观的操作实际系统的体验,既方便开发人员与用户交流,又便于发现未来系统中可能隐含的设计漏洞。

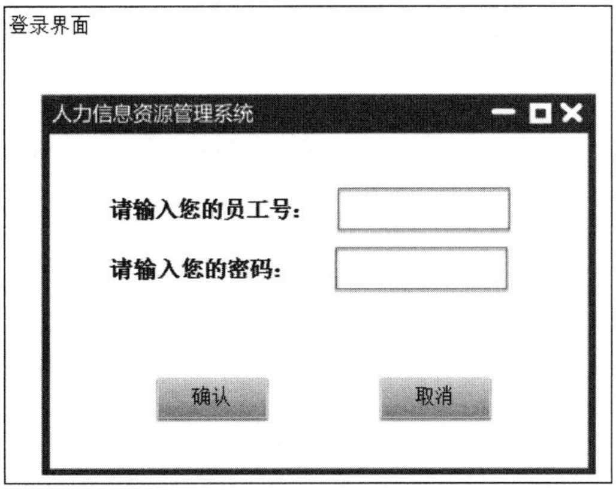

图 2-5　登录界面原型示例

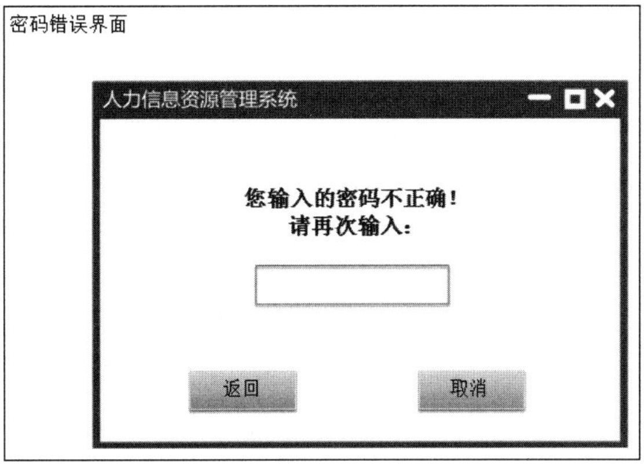

图 2-6　密码提示原型示例

在原型化方法操作过程中,通常同时设计两套或两套以上方案供用户选择对比,如果用户对原型方案中的某个环节提出质疑或不满意,开发人员应提供可供用户选择的另外一套方案。通过原型获取了用户满意的最终需求方案后,再开始着手进入后续的规划、设计和开发环节。

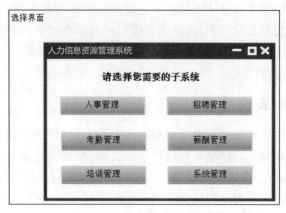

图 2-7　功能选择原型示例

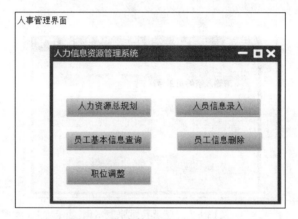

图 2-8　人事管理界面原型示例

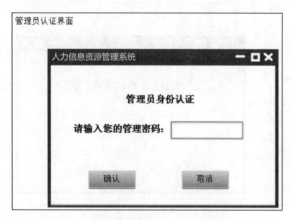

图 2-9　管理员认证界面原型示例

2.2.8　原型化方法与结构化生命周期法的结合

　　从 2.1 节可知,结构化生命周期法的最大缺陷表现在对用户需求的获取不及时和不明确,开发人员和用户之间的交流存在者一定的隔阂,由于缺乏有力的交流工具,用户难以将自己的最终需求或意图明确地向开发人员表达清楚。心理学经验表明,对用户而言,一个能够直观见到的具体系统比烦琐的文件和冗长的说明手册更能说明问题,它也是用户与开发人员之间最合适的交流工具。前文介绍的丢弃式原型方法就是把原型作为用户与开发人员之间交流的媒介,能够更好地获取用户的需求。鉴于原型化方法和结构化生命周期法各自的特点,考虑将原型化方法的开发用于结构化生命周期法的需求定义阶段,使二者紧密地进行结合(过程如图 2-10 所示),达到两种方法扬长避短的目的。

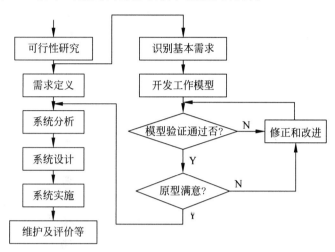

图 2-10　原型化方法与结构化生命周期法结合过程图

2.3　面向对象方法

2.3.1　结构化方法开发存在的问题

结构化方法是目前系统开发的应用最广泛的方法之一,该方法主要从功能的角度对系统进行了分析与设计,这种方法还存在以下需要弥补的方面。

1. 忽视信息系统的行为特征

结构化方法的应用过程忽视了信息系统的行为特征,没有建立合理的行为模型。而在基于图形用户界面(Graphical User Interface,GUI)的面向对象的操作系统中,都引入了有关事件驱动的方法,即将方法建立在行为概念的基础上。

2. 系统分析到系统设计转换困难

在结构化方法中系统分析模型使用数据流程图表示,而系统设计模型使用结构图表示,从系统分析到系统设计存在数据流图到结构图的转换问题,即系统分析无法平滑地过渡到系统设计。在面向对象方法中,从系统分析到系统设计是一个渐进的逐步细化的过程,不存在过渡性问题,从系统分析、系统设计、编码、测试和实施过程中都使用相同的信息系统模型。

3. 问题空间与求解空间的不一致问题

在传统的结构化方法中用于分析、设计和实现一个系统的过程和方法大部分是基于瀑布模型,即后一阶段是实现前一阶段所提出的需求或是发展前一阶段得到的结果。因此,在开发后期可能发现前期的错误和不足,此时难以进行修改。由于这种系统的认知过程和对系统的实现过程不一致性所带来的困扰就越来越大。面向对象方法学的出发点正是为了使问题描述空间和问题解决空间在结构上的一致。

4. 处理模型和数据模型相对独立

结构化方法在建立系统模型时是从功能和数据两个不同的角度分别构造模型,形成了处理模型和数据模型。而这两个模型代表了信息系统的两类不同特征,无论是系统分析人员还是软件设计人员都无法完整地检查和纠正这两个模型集成后存在的不一致性和不准确性,则相对独立的处理模型和数据模型就可能存在不一致和不准确问题。

2.3.2 面向对象方法的产生

面向对象(Object Oriented,OO)的概念起源于挪威的 K. Nyguard 等人开发的模拟离散事件的程序设计语言 Simula67。而真正意义的面向对象程序设计(Object Oriented Programming,OOP)是由 Alan Keyz 主持设计的 Smalltalk 语言。面向对象编程解决问题的思路是从对象的角度入手,面向对象方法起源于面向对象的程序设计语言,面向对象的分析与设计是面向对象编程的有力补充。20 世纪 80 年代面向对象的分析、面向对象的设计等方法和技术才开始兴起,并试图在系统开发的整个生命周期中使用面向对象的方法。1991 年 Coad 和 Yourdon 在《面向对象的分析》一书中首先提出了面向对象的分析(Object-Oriented Analysis,OOA)方法,该方法使用一些技术来表达结构的行为和交互的信息。同年,Rumbaugh 等人提出了一个用于系统分析和设计的面向对象的建模技术(Object-Oriented Modeling Technology,OMT),该技术使用 3 种模型(对象模型、动态模型、功能模型)来描述系统。对象模型用来表达对象的结构;动态模型使用状态图来表示对象的状态变化;功能模型使用数据流图来表示对象之间的交互作用。截至目前,面向对象技术和方法已经从研究阶段转向应用阶段,成为 21 世纪的重要技术之一。

2.3.3 面向对象方法的特点

面向对象分析和设计主要采用 8 种通用原则来处理复杂问题,即通用组织方法、抽象、封装或信息隐藏、继承、多态、消息通信、关联和复用。

面向对象方法是以对象为基础,把信息和操作封装到对象中,然后利用特定的软件模块完成从对象客体的描述到软件结构之间的转换,避免了其他方法在开发过程中的不一致性和复杂性,面向对象方法开发出来的应用程序易重复使用、易改进、易维护、易扩充,具有简单性、统一性、开发周期短和开发费用低等特点。

2.3.4 面向对象方法与结构化方法的对比

结构化方法强调过程抽象和模块化,将现实世界映射为数据流和加工,加工之间通过数据流进行通信,数据作为被动的实体是以过程为中心来构造系统和设计程序。面向对象方法把世界看成是独立对象的集合,对象将数据和操作封装在一起,提供有限的接口,其内部的实现细节、数据结构以及对它们的操作对外部是不可见的,对象之间通过消息相互通信,面向对象方法具有的继承性和封装性支持软件复用,并易于扩充,能够较好地适应复杂大系统不断发展和变化的要求。

针对这两类方法各自的特点,在系统开发中如何进行选择主要依赖于系统的规模和需求属性。当企业应用领域的系统需求可以明确提出,并且预计某种需求有相当长的一段时间保持稳定时,可采用结构化生命周期法。当企业的系统开发周期短,多数用户不熟悉计算机的操作,用户难以提出明确、全面的需求,而系统分析人员对用户从事的领域也不熟悉并且不能准确定义用户需求时,可以选用原型化方法开发系统。当企业的系统处在复杂多变的环境中,功能和数据类型复杂、不稳定、容易发生变化时,可采用面向对象的开发方法。

在实际的项目开发过程中,这几种方法通常是结合在一起使用,根据实际项目需求来决定方法的选择和结合。

2.4　本 章 小 结

结构化方法是软件工程开发应用最广泛的一种方法,但这种方法适用于系统需求已经明确或基本保持不变的系统。为了弥补结构化方法需求不明的缺点,引入了能够更好获取用户需求的原型化方法。原型化方法适用于规模较小的系统,原型化方法省略了结构化方法中大量的文档资料,可以快速地构造系统的物理原型,直接、直观地对用户的需求进行定义。

软件工程开发方法

第3章 软件系统可行性分析

进行软件系统规划之前,需要以待开发系统为依托,从系统开发的有益性、必要性和可行性等方面进行分析,完成系统的可行性分析报告。

3.1 可行性分析定义

在进行大规模系统开发之前,要从有益性、必要性和可行性等方面对未来系统的经济效益、社会效益进行初步分析。其中的可行性分析(Feasibility Analysis),又称作可行性研究,指在当前组织内外的具体环境和现有条件下,分析某个项目投资的研制工作是否具备必要的资源及其他必备条件。

系统的可行性可以从以下三个方面来考虑:

* 技术可行性(Technical Feasibility)。
* 经济可行性(Economic Feasibility)。
* 运行可行性(Operational Feasibility)。

1. 可行性分析的任务

可行性分析的任务包括了解客户的要求及现实环境;从技术、经济和社会因素三个方面研究并论证本系统项目开发的可行性;编写可行性分析报告;制订初步的项目开发计划。

2. 可行性分析的步骤

可行性分析工作的实施步骤一般包括如下6步:

(1) 系统分析人员对现实系统进行初步调查。

(2) 编写用户需求书面材料。

(3) 对待开发的新系统进行技术、经济和运行等方面的可行性分析。

(4) 撰写系统可行性分析报告。

(5) 评审和审批系统可行性分析报告。

(6) 若项目可行,则制定初步的项目开发计划,并签署合同。

可行性分析的结论可能包括3种情况,即①可行性分析结果完全不可行,系统开发工作必须放弃;②系统具备立即开发的可行性,可进入系统开发的下一个阶段;③某些条件不具备,需要创造条件或改变新系统的目标后,再重新进行论证。

3.2　系统的初步调查

对现行系统的调查是指用面谈、会议、调查表、抽样及其他相关技术收集有关系统、需求的信息。这一步活动也叫作信息/数据收集。系统的调查分为两个阶段,即可行性分析阶段的初步调查和系统分析阶段的详细调查,本节重点介绍初步调查。

初步调查是指在接收用户提出建立新系统的需求后,系统开发人员与用户方管理人员进行的第一次旨在对现行业务进行概括性描述的沟通。初步调查的重点是了解用户与现行系统的总体情况,现行系统与外部环境的关系以及现行系统使用的资源和外部约束条件等。初步调查可以使用文字描述和组织结构图等方式对现行系统的组织结构、业务领域、系统组成等逐一介绍,主要收集的信息包括工作岗位说明书、组织结构图、管理业务流程等。这一步工作的目的在于要了解现行系统组织内部的部门划分、各部门的工作职能以及不同组织在系统运行过程中存在的问题。本节以医院管理信息系统为例介绍初步调查的内容。

该医院管理信息系统将分为门诊管理子系统、住院管理子系统、医保管理子系统、物资管理子系统、财务管理子系统、人事管理子系统等。各子系统之间进行相关数据的共享,可以更加高效地服务患者。

3.2.1　门诊管理子系统

门诊部是医院对外提供医疗服务的主要窗口,医院门诊部的服务质量和效率很大程度上决定了医院的服务水平和效率。门诊管理系统以患者信息为核心、以诊疗流程为主线,对患者信息(包括挂号信息与诊断信息)、缴费、药品信息进行规范化管理。

门诊业务流程分为普通门诊与急诊,对于普通门诊病人,处理过程如下:首先病人需要挂号,挂号系统分为线上挂号和线下挂号。线上挂号流程为:病人网上预约挂号,预约成功后网上预约系统向患者手机上发送预约成功短信,病人利用第三方支付平台进行网上缴费,病人就诊时到挂号处领取病历本和医疗卡。线下挂号流程为:病人来到医院挂号处排队等待挂号,挂号处工作人员根据病人的病情描述为他们选择相应的诊疗科室和门诊医生,并填写好病历本基本信息,发放医院医疗卡。病人缴纳挂号费后,排队等待喊号就诊。医生根据病人的病症做出基本判断,为病人开具药方或要求病人去各检查科室进行检查。病人做完检查后,将检查结果反馈给主治医生,医生再次诊断后出具诊断结果,填写病历本,储存病历电子档。为了方便管理,病人需要将现金储存在医疗卡中,先到收费处划卡缴费,然后携带收据去药房开药或去各检查科室做检查。

对于急诊病人,先对急诊病人进行基本检查,根据检查结果进行急诊处理,病人缴纳费用,最后由医生补写病历。

3.2.2　住院管理子系统

住院管理子系统包含三个模块:出入院管理子系统、诊治管理子系统、医疗资源调用管理子系统。以下是各子系统的功能介绍。

- 出入院管理子系统:患者需要住院治疗时,必须由门诊医生签发入院通知卡(含患者姓名性别年龄职业工作单位及家庭详细地址和诊断),住院部收到入院通知卡后,

软件系统可行性分析

结合床位等医疗资源信息办理入院手续并对患者信息和医疗资源信息进行更新存档(含床位、医保等住院信息),住院部通知临床科室接受患者,患者入院。对于危重患者经医师许可,须立即入院抢救的,可送入病房后办理入院手续。患者出院由主治医生提出,上级医师或科主任同意后,于出院前一日下医嘱,完成出院手续。对于转院,应逐级办理审批手续,写病情报告。或由患者或者家属提出申请书,经医务科同意后转院。

- 诊治管理子系统:主管医生接到住院部通知后,对患者进行检查,做病程记录,下医嘱,开处方。对于夜间入院患者,值班医生接诊,在当班内完成病程记录,次日向主管医生交班。对于其他科患者误收本科,由接诊医生完成入院记录、病程记录、转科记录。住院医师查房,并核对查房记录、提出查房建议、检查医嘱完成情况并对信息进行存档。主管医生提出会诊要求,填写病程记录,经上级医师同意后送出。对会诊人员,结果进行存档。主治医生制定治疗方案,开医嘱。

- 医疗资源调用管理子系统:根据患者的病情和医技科室提供的资源清单,主管医生制定治疗方案,相关科室和相关医生协同治疗,主管医生完成治疗记录,将记录保存到患者的病程记录中。

3.2.3 医保管理子系统

医保管理系统包含医保条款定义、医保业务审批、医保明细对账、医保数据修正以及医保患者信息查询等模块。医保条款定义中包含所有医疗保险的政策,由于我国的医疗保险政策在不断更新和完善,该模块会实时更新跟进医疗保险政策便于医院工作人员查询。医保业务审批模块负责接收由门诊医疗及住院管理处提供的病人和处方信息,并由医保科的工作人员审批病人处方中的药品或诊疗是否符合相关政策。所有病人的医保报销记录将存储于表格保存在系统中,在医保明细对账模块中进行检查。通过医保数据修正可录入或更改具有医保的病人的部分数据,如:医保经办机构、医保等级、是否为公务员等。医保患者信息查询由管理病人的医务人员使用,可以根据其个人账号登录查看本人所管理的医保病人的相关数据,有针对性地浏览不同医保病人的施治要求以及医保病人各类收费项目的报销比例以合理控制费用。

3.2.4 物资管理子系统

物资管理子系统负责医院整体的医疗器械、设备以及药品的管理。

在医疗器械及设备管理方面,主要负责器械、设备的采购、保管,负责医疗设备的建档、入库、日常检查维护及报废管理,配合厂家工程师来院进行设备维修,以保证设备和器械的良性运行。主要流程为:定期分析设备库设备材料数据,及时进行采购补充设备库存,向财务部门申请费用,审批通过后进行设备采购,入库并记录采购数据;设备管理中心接收各科室的报废申请、调剂申请、报损处理,对于不同的申请表分别进行审核采购生成采购记录、设备出库调剂到相关科室生成出库记录,以及对于损坏设备进行查验,向厂家申请维护处理并形成维修记录。最后将采购记录与出库记录统一进行物资管理生成医疗物资信息。

在药品管理方面,主要负责药品的采购,记录药品入库出库情况,制定进药计划,对损坏、过期药品进行处理。该子系统通过对器械设备和药品的科学管理,为医疗服务提供药品保障,促进医院各项工作的高效开展。主要流程为:各院部在诊疗活动过程中产生医嘱和药品申领需要,生成相应配药单和取药单;对于配药单,核对、调配后发药,对于取药单,药剂管理中心审核后发药,所有发放药品进行存档生成用药记录;同时药剂管理中心定期查看药品信息进行统计分析,及时采购补充药品库存,向财务部门申请费用,审批通过后进行药品采购,入库并记录购药数据;定期检查药品损坏情况,处理并生成报损记录。最后将用药记录与购药记录统一进行物资管理生成医疗物资信息。

3.2.5 财务管理子系统

财务部在副院长的带领下,全面负责医院的财务管理工作。各部门所发生的财务相关信息向财务部门进行申报,由财务部门进行统计、审查、录入和结算。财务部门负责制定、完善各项内部财务会计制度,做好日常的会计核算、监督、会计月、季报工作。对病患的医保报销信息先由审核人员进行审核,审核无误后,编制记账凭证,并对相关部门进行申报。财务科对药品和物资采购清单进行审核并付款,季末进行清查盘点。当药品价格变动时,及时调整财务和库存的药品账。

在日常财务方面,按照业务类别进行款项支付,办理现金业务和银行结算业务。负责统筹全院各科的经营核算工作,收集审核各类凭证,核算各部门收入支出明细,按时报送会计报表,对各部门发生的财务信息进行分析,以及时为医院监管部门及决策部门提供财务信息。

在住院方面及时对住院病人进行信息的审核和录入;在门诊方面对收入票据进行审核;在职工财务方面,保证员工工资、绩效工资、津贴和社会保险金的准时发放以及个人所得税的代缴工作;在物资报销方面对信息进行审核并进行录入,依据医院有关规定,负责审核原始凭证和报销,对合规款项进行报销;对病患的缴费申请做出应答并进行记录;对申请查询业务的人员进行资料审核,并对符合查询规定的人员做出信息应答;对医保处提交的病患报销细则进行记录,并对相关部门进行申报。

3.2.6 人事管理子系统

医院人事管理系统是医院合理用人、配置人力资源的重要系统。在系统开发中就要求系统能够合理并最大限度地实现人力资源的价值、提高员工工作效率和医院经济效益、降低人力资源成本。医院应以此系统为中心实现全员各部门计算机网络的信息共享,为医院领导的决策提供翔实的依据(见图 3-1)。

- 员工基本信息管理模块:主要统计医院各个在职人员的具体信息,包括医生、护士、后勤和管理人员的入职离职以及信息的修改,记录人员所属部门、职位等详细信息,同时还需要记录实习人员的详细信息。
- 员工考勤信息管理模块:以排班数据为基础,生成月考勤数据,最终完成对员工考勤情况的查询、分类统计和各类报表的打印。各科室部门每周排班明细输入排班表中,生成以每周记录信息并以当前周的日期和人员 ID 组合为关键词,在月末通过计算各个考勤项目名称来计算本月考评并打印报表。
- 员工工资信息管理模块:完成员工工资的条件查询、月和年的统计并打印报表,并将报表上交财务。

- 医院业务档案管理模块：人事管理信息系统拥有业务档案的输入、查询和删除功能。
- 数据备份导出模块：在医院人事管理系统中占极重要的地位,使用者每天必须将当天的信息数据库备份,这样可以大大提高数据的安全性和稳定性。
- 月例行工作和年例行工作管理模块：月例行工作包括社保登记、人员招聘、人员调动和实习管理,年例行工作包括合同到期和退休人员的业务处理、人员调动、调岗和调薪等工作的管理。

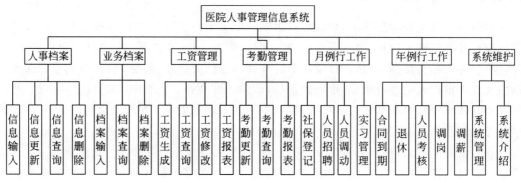

图 3-1　医院人事管理子系统模块图

3.2.7　医院组织结构调查

院长一级下还有两位分别分管行政工作与业务工作的副院长。行政副院长主管七个机关科室,分别为院办公室、人事处、财务处、总务处、信息处、后勤处和医保处。业务副院长分管三部分,其中医技科室包括病理科、麻醉科、物理诊断科、手术室和化验科；住院部包括各临床科室：内科、外科、妇产科、儿科、耳鼻喉科、皮肤科、眼科和骨科；门诊部主要包括挂号处、急诊中心、收费处、注射室和各临床科室,如图 3-2 所示。

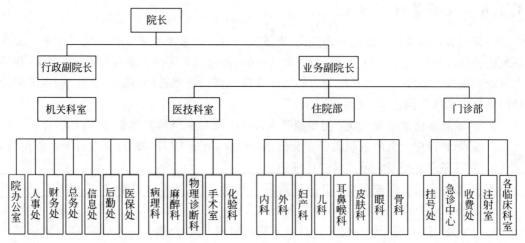

图 3-2　医院系统组织结构图

3.3 可行性分析的内容

进行可行性分析以前首先应该明确新系统的目标,这是进行可行性分析以及后续的系统分析、系统设计和系统评价的重要依据。这里的新系统目标指的是新系统建立后所要求达到的运行指标,它应该与现行系统的各项基本功能密切相关,并且根据现行系统存在的薄弱环节,考虑用户多方面意见和要求,充分体现系统最高的战略目标、发展方向和基本特点,能够直接为系统的主要任务服务。新系统的目标可包含多个角度的指标,常见的提法如下:

- 增强资源共享。
- 提高工作效率。
- 减轻劳动强度。
- 改进人员利用率。
- 提高社会和经济效益。
- 减少人力和设备费用。
- 改进决策方法和依据。
- 提高和改进管理信息服务。
- 拟建系统满足需求的程度。
- 节省成本和日常费用开支。
- 提高信息处理速度和准确性。
- 为服务对象提供更多的方便条件。
- 提高系统的安全性、可靠性和可控性。
- 提供各种新的处理功能和决策信息。
- 促进管理体制的改革和改进管理手段。

根据新系统提出的目标,分别从技术可行性(Technical Feasibility)、经济可行性(Economic Feasibility)、运行可行性(Operational Feasibility)以及进度可行性(Schedule Feasibility)等方面对系统进行分析。

技术可行性是对一种技术方案的合理性和技术资源的度量。根据新系统目标主要 4 个方面进行衡量:①现有技术的估价;②使用现有技术进行系统开发的合理性和实际操作性;③技术发展可能产生的影响预测;④关键技术人员的组成和能力评估。

经济可行性是对一个项目或方案成本效益的度量,衡量系统开发获取的效益能否大于开发和运行该系统的成本。如果效益大于成本,则该系统的开发是可行的,否则是不可行的。对管理信息系统经济效益的评价应该综合考察多种因素的影响,明确界定信息系统的成本与效益,用定性和定量的方法分析系统的投入和产出构成。

投资费用和将来的运行费用估算如下:

(1)设备费用分析:计算机硬件、软件、外设、电源和空调等费用;

(2)开发费用分析:土建费用、技术开发、人员培训等费用;

(3)运行费用分析:人员工资、水电等公共设施使用费、硬软件租赁和维护费,数据收集和录入、通信、消耗材料及其他费用;

（4）费用估算时，一些意外因素可能使费用大大增加，因此，应适当增加费用的比例。

收益估算如下：

（1）经济效益估计，如信息服务、减少成本、提高生产率、缩短周期、改善决策等；

（2）社会效益估计，有些收益不能从本系统直接体现，可从对社会经济活动可能发生的影响及其效益估计；

（3）收益估算时，有些指标（节省人力、减轻劳动强度、提高数据处理准确性）是不可计算的，用户的实际收益取决于用户的应用水平，常出现对收益高估的情况；

（4）经济可行性分析还应考虑投资回收期、效益/费用比等。

运行可行性主要评价新系统运行的可能性及运行后所引起的各方面（工作环境、管理方式、组织结构等）变化对社会、环境以及人员可能产生的影响。系统运行的可能性主要包括环境条件的可行性；用户和管理人员适应的可行性；系统对组织机构影响的可行性等。

进度可行性是对项目时间规划合理性的度量。如果系统开发超过项目的最后期限将会被惩罚。如果最后的期限是期望的而不是强制的，则分析人员可以建议选择预留的替代方案。

除了上述可行性分析之外，还可从系统开发的风险可行性、法律可行性等方面进行分析。

3.4　可行性分析报告大纲

完整的可行性分析报告应该包含以下主要内容。

1. 引言

（1）摘要：包括系统名称、目标和功能。

（2）背景：系统开发的组织单位、系统的服务对象、本系统和其他系统或机构的关系和联系。

（3）参考和引用的资料。

（4）专门术语和缩写词。

2. 系统开发的意义和必要性

包括系统背景及实施的必要性、项目受益范围分析、项目实施对申请单位、所属领域的意义与作用。

3. 现行系统的调查与分析

（1）组织机构：包括工作任务和范围、领导关系、职能、地理分布等。

（2）业务流程：各主要业务流程、对信息的需求。

（3）信息流程调查：通过数据流程图表示。

（4）费用：现行系统运行的各项费用开支及总额。

（5）计算机应用情况：现有配置、计算机专业人员、已经应用的项目及效益、使用效率及存在的问题。

（6）现行系统存在的主要问题和薄弱环节包括效率、费用、人力等。

4. 新系统方案介绍

一般要求提出一个主方案和几个辅助方案,方案主要内容包括:

(1)确定拟建系统的目标。

(2)系统规划及初步方案:确定新系统的规模、组织、结构,画出系统的高层逻辑模型,构造系统的开发方案,如网络架构、人力资金需求、计算机等硬件配置、管理模式等。

(3)系统的实施方案:根据新系统的开发方案,确定整个项目的阶段性目标情况和实施进度安排。

(4)人员培训及补充方案:对新系统需要的人员组成进行分析,列出需要新增的人员及补充方案。

(5)投资方案:根据新系统的开发方案确定项目需要的投入总额;项目投资估算;资金筹措方案;投资使用计划等。

5. 几种方案的对比分析

对几种方案从技术可行性、经济可行性、运行可行性等方面进行对比分析。

6. 结论

根据分析结果,得到某方案立即执行、条件成熟后执行或不可行的结论。

3.5　可行性分析报告实例

本节以第三方物流管理信息系统为例进行可行性分析报告介绍。物流管理系统是对物流企业进行日常事务管理的信息系统。第三方物流(Third Part Logistics,TPL)又称合同制物流。它意味着生产经营企业把原本隶属于自己直辖范围内的物流活动,以合同方式委托给专业的物流服务企业。而作为提供物流服务的第三方企业在合同有效期内必须按照事先规定的形式向生产经营企业提供其所必需的全部或部分物流服务。

3.5.1　引言

1. 摘要

用户:NT 第三方物流公司。

拟建系统的名称:第三方物流管理信息系统。

2. 背景

系统开发单位:DLUT 软件开发中心。

系统服务对象:物流管理人员、配送工作人员、库存管理人员。

作为第三方物流企业的管理核心,第三方物流管理系统为管理者执行计划实施控制等职能提供相关信息的纵横交错的立体动态互动系统。它根据第三方物流独特的业务特点,运用现代信息技术对物流过程中产生的信息进行采集分类、传递、汇总、识别、跟踪、查询等一系列有效控制和管理活动,并为企业提供信息分析和决策支持,以实现对物流过程的控制,从而降低成本提高效益。第三方物流管理信息系统是为现代物流企业提供的以物流信息管理为核心的现代物流管理平台,它实现了客户、供应商和物流公司之间的信息充分共享、业务流程自动化,通过订单全生命周期管理、节点监控,达到业务全程可视化,提高企业对业务管理的管控力,提高企业运营效率以及客户服务品质。并同时具有出入库管理、货物信息更新、库存管理、车队管理、运输管理、结算管理、客户管理、订单管理、员工管理、系统管理功能,全面实现企业物流、资金量和信息流的数字化管理。

3.5.2　系统开发的必要性

目前,随着我国信息技术和电子商务发展的逐步深入,第三方物流在中国已成为国民经济发展的重要推动力。但是,由于很多物流企业是从以前的交通运输企业或仓储企业转型而来,缺乏必要的管理信息系统和业务整合集成,因此这些物流企业很难适应电子商务对物流配送的要求,物流信息化已经成为制约我国物流业发展的瓶颈,所以提高第三方物流企业信息化水平,构建适应第三方物流信息化的物流信息系统是目前急需解决的问题。第三方物流企业从接收货物订单托运,经过一系列环节的协调,最终将货物交收货人,在这一过程中,物流管理信息系统对第三方物流起着中枢神经的作用。它实时掌握供应链的动态,通过对物流各阶段信息的收集、传输、分析、处理和整合,及时将信息提供给客户、员工和合作伙伴。

正因为先进的物流管理系统是第三方物流业务发展的关键因素,所以第三方物流对于运营企业综合素质的要求很高。而先进的物流管理系统,不仅可以极大地提高服务水平,同时还能使得生产企业和专业物流公司的物流管理成本和内部的交易成本大大降低,进而在实现专业物流公司的规模经济的同时,提高了全社会物流管理效率,影响着生产企业"自办物流"转而将物流业务交由专业物流公司的决策。

3.5.3　现行系统调查研究与分析

NT 第三方物流公司成立于 2006 年,公司有总经理 1 人,副总经理 3 人,9 个职能部门,分别是行政后勤部、财务部、人事部、仓储管理部、市场部、技术部、运输部、服务部、运营部。本系统主要为物流企业高层管理人员以及配送、库存管理人员服务。

1. 组织结构调查

该公司的 9 个职能部门由 3 个副经理分别管理,副经理听从总经理的调度安排。其中,技术部主要负责对第三方物流管理系统的设计、运营、维护和优化,下设四大中心。①仓储管理中心,主要负责出入库系统、货物信息管理和库存管理等一系列与物流运输中的仓储管理环节有关的功能开发,以及负责运营中的信息实时更新和传递,主要负责协助仓储管理部的工作。②配送管理中心,主要负责车队管理系统和路线规划系统的开发,建立决策系统为配送自动优化选择适合的车队和最优的路线,与运输部实时交流,保障货物运输。③运营管理中心,主要负责客户管理系统、结算系统、人力资源管理系统、订单管理系统的开发以及开发后的运营管理,对客户资源以及人力资源进行管理,对订单实时管理并对完成的订单进行结算以及客户的后续服务,主要负责协助财务部、人事部、运营部、服务部等部门工作。④系统管理中心,主要负责整个系统在运转过程中的信息反馈和系统维护,主要职能为在系统运行过程中查找系统漏洞并修复,及时更新优化系统功能,保证系统可以正常且高效地服务广大的用户。

其组织结构图如图 3-3 所示。

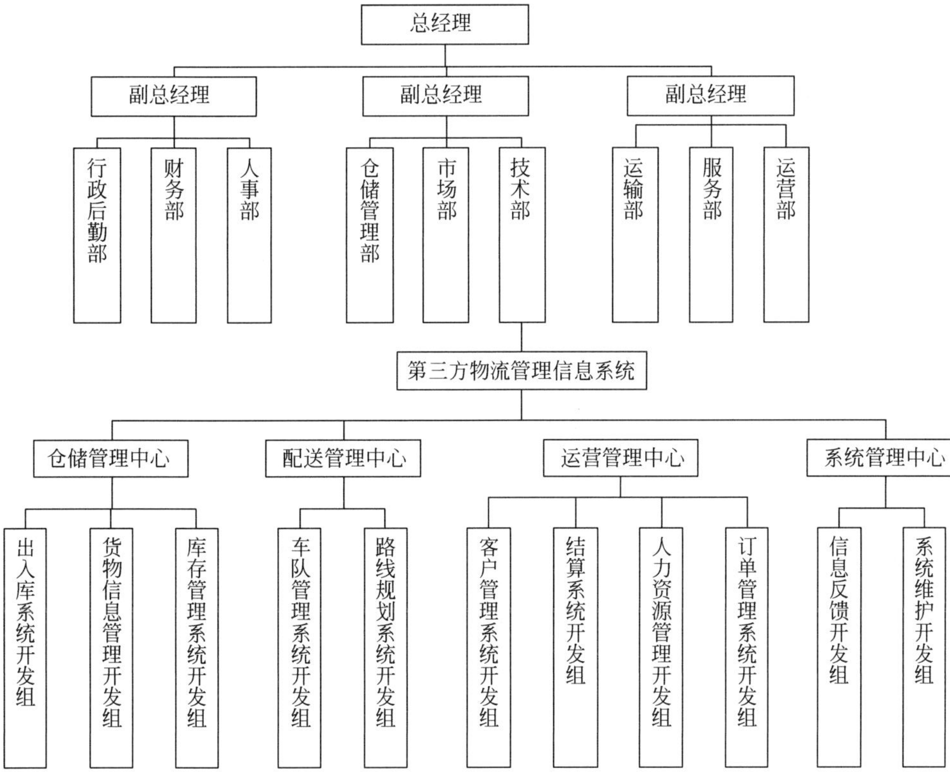

图 3-3 物流企业组织结构图

（1）结算管理子系统。"结算管理"子系统主要对客户的开销如仓储费、运输费、服务费等费用进行结算处理，同时对承运单位作运费支出处理，主要包括计费标准、费用种类、结算方式、收款处理、付款处理、应收款查询、应付款查询、客户业绩查询、客户业绩统计等功能。在识别用户身份之后，根据不同权限开放不同功能。工作人员可以通过该系统对已经结算的客户费用作收款记录，对已经结算承运人的运费作付款记录，并且可以实时查询客户的应收款、应付款情况。客户或工作人员可以通过该系统查询不同业务的计费标准以及该企业提供的业务种类。并且系统可以通过对每一笔业务成本和利润的核算，快速准确地完成费用结算，并通过资金流和信息流对账单进行有效处理。

（2）客户管理子系统。"客户管理"模块是对客户的基本信息、信用、应收款、应付款、业绩等进行管理，主要包括客户基本信息管理、信用管理、合同管理、客户查询、客户服务等功能。根据公司员工权限不同，可以对以下模块进行操作。客户基本信息管理对客户的背景、基本信息等详细资料进行录入登记，并根据业务的不同需要进行分类归档；信用管理将根据不同的客户背景和业务的合作情况对客户进行评估并给予相应的信誉额度和信誉期限；合同管理对上游和下游客户签订的各种费用收入和费用支出合同进行录入、管理、查询、修改等；客户查询功能对客户的各项费用、业绩、订单等进行统计查询，主要包括客户费用收入、支出明细表、客户应收款明细表、客户订单明细表、客户业务汇总表等。该系统的客户服务功能对外界开放，客户登录并通过认证后可以通过该系统获得自身的销售情况，并可以按

软件系统可行性分析

需查询获得自身商品的业绩统计报表。

（3）入库管理子系统。该模块是处理客户的各种收货指令以及提供相应的查询服务，主要功能有信贷检查、受理方式、订单类型、库位分配、入库方式、货物验收、收货查询等。

信贷检查：对客户的信贷进行审核，看是否符合接单条件，若符合，则接单入库；不符合，则退回订单并告知客户。

受理方式：直接受理、电话受理、传真受理、E-mail 受理、网上受理等，并对客户进行信贷检查，确定是否接单入库。

库位分配：对要入库的货物进行库位分配，分配原则有两种，按货物分配库位和按库位分配货物。

订单类型：先入库，再配送处理；先提货，再入库，再配送处理；先提货，再入库处理；直接配送处理；租用仓库处理。

入库方式：一次性入库；分批入库。

直接入库处理：为了操作上的简便，根据实际情况有些货物可经验收后不作库位分配，而直接进行入库处理。

货物验收：货主、货物名称、规格、货物等级、接收数量、破损数量、搁置数量、货物重量、货物体积、生产日期等。

收货单打印：该功能是打印出收货单据。单据内容有：收货日期、订单号、收货流水号、客户、客户通知编号、货物代码、货物名称、规格、单位、通知数量、接收数量、破损数量、搁置数量、生产日期、货物重量、货物体积等内容。

库位清单打印：根据预先安排的库位，打印出货物库位清单，以便保管员对号入库。

（4）出库管理子系统。货物出库管理子系统是用于处理来自顾客方进行提货的系统，是第三方物流中的关键组成，在对仓库进行库存的清理和查询的信息存储中，形成一个完善的仓库存储模块，用于为货物仓储的入库、出库、查询库存等功能模块。

（5）订单管理子系统。订单管理模块是第三方物流企业的重要组成部分，它通过对客户生成的订单进行全方位的跟踪来获取订单处理过程中的全部信息，用以保证第三方物流企业在服务过程中的效率和质量。订单管理模块主要分为六大子模块，分别是①订单信息管理模块，它包括对订单类型的分类、订单信息的录入、订单信息的修改等功能；②订单转换模块，它主要负责订单向运单和交接单的转换；③订单查询模块，它支持管理员通过订单号、客户、日期等信息对订单进行查询；④订单确认模块，它将对已完成的订单的数量、实际发收的数量等信息进行最终确认；⑤订单打印模块，它主要是按客户需求对各种订单采用不同的打印格式；⑥交接单管理模块，它主要包括交接单的新增管理和紧急订单的处理两大功能。

（6）人力资源管理子系统。人力资源管理模块涉及第三方物流管理的大部分核心利益，其内容基本涵盖了第三方物流管理业务的全部。目前，大多数的第三方物流管理的人力资源管理模块下又分设了六大子模块，它们分别是人力资源规划、人员招聘、人员培训、职员分配、绩效考核管理、薪资福利管理。人力资源规划主要包括企业组织结构的设置和调整、企业人事制度的制定以及人力资源管理费用的确定和执行。人员招聘包括招聘需求的分析、招聘流程的制定、招聘考核的标准、招聘渠道的选择。人员培训主要包括定期培训、专项培训、国内外进修、政策普及、文化假设。职员分配包括个人能力分析、工作岗位分析、团队需求分析。绩效考核包括绩效制度的制定、绩效考核的实施、绩效考核的评价以及绩效考核的改进。薪资福利管理包括薪酬管理、福利管理、反馈管理三个职能。

(7) 配送管理子系统。配送管理子系统根据客户的指令对出库的货物进行配送的安排,主要包括配送计划、承运方式选择、车辆分配、车辆调度、送货单打印、货物跟踪、车队考核等功能。配送中心人员可以通过该系统对顾客订单进行汇总,并能实时查询订单状态,包括已完成派送的订单、正在派送的订单和待派送的订单;同时也能查询车辆的具体信息,主要包括车辆的位置、派送状态、运量和运向统计;并且在货物抵达顾客手中之前对其进行实时的货物跟踪并进行储存和反馈给客户;也能对车队进行考核,包括车辆的配合度、运输及时性和车辆状况。配送中心工作人员能够对订单和车辆两方进行合理的安排,实现低成本、人性化和优化的智能线路配送。

(8) 系统维护子系统。系统维护子系统的主要职能是对系统进行运作管理和维护管理。由于是第三方物流,在配送过程中会产生大量数据,可以通过数据挖掘分析等技术进行数据分析、概括,为客户提供有效的信息反馈。

- 系统运作管理。系统运作管理包括管理员管理和信息反馈。管理员管理主要是对系统管理员进行信息管理,管理员可以修改自己的密码,并且将管理员按级别来分,可分为全面管理(获得系统全面管理权限)和部分管理(仅对系统有部分管理权限)两种,分别给予两类管理员不同的管理权限。信息反馈是系统可以接受客户的指令,自动进行数据挖掘,为对应的客户提供信息反馈。

- 系统维护管理。系统维护管理包括每日数据备份、每年数据备份以及数据恢复业务。每日数据备份是为了避免因系统数据损坏而导致系统瘫坏。所以每天都要做好数据备份。每年数据备份为了保持系统运行速度,在年度转换时,我们要对系统数据进行年度数据备份以及该年数据转结。当系统数据损坏后,在毫无办法用其他工具对数据进行修复时,需要用数据恢复功能。

3.5.4 系统业务流程分析

(1) 结算管理子系统业务流程。工作人员通过结算功能得到承运人结算单,交由审计人员进行审核,确认无误后打印承运人业务账单,交由财务处向承运人付款;工作人员通过结算功能得到需缴费的客户订单列表,通知客户缴费,待客户交费成功后更新订单信息库;财务人员通过业务查询功能实时查询订单信息;审计人员实时审核订单信息,对问题订单筛选处理并及时更新订单信息库;客户通过查询功能查询该公司的相关业务种类和收费标准。

(2) 客户管理子系统业务流程。客户填写基本信息登记表并成功提交后,通过信息管理功能录入客户信息库,当需要更改个人及组织信息时,提交变动申请,通过信息变动管理功能及时更新客户信息库;运营部提交客户合同明细录入客户信息库,财务部提交客户缴费情况,通过信用评定功能对客户的信誉进行评定并录入客户信息库;相关部门通过信用等级查询功能获得客户的信誉等级;运营部及时将客户信息分类归档,按工作性质和工作需求分别提交至各个部门;客户提交查询要求申请,通过查询功能获得本人或本组织的业绩统计报表,了解自身产品的销售情况。

(3) 出库管理子系统业务流程。货物出库从仓库主管接收提货单,根据系统的库存信息,查询出对应的货物仓位信息,将货物仓位信息传输给仓管员,仓管员下发任务到运输员和卸装工,进行拣货打包和车辆安排,在货物完成出库之后,仓管员对仓库货物进行检查,复核商品信息,并进行存储,便于结算此次出货账单和下次的货物信息查询。

(4) 配送管理子系统业务流程。配送中心对旗下车辆有实时的信息统计并储存车辆信息(一般情况驾驶员和车辆是二对一配对的),顾客通过各类平台下单之后汇总给配送中心,配送中心开始受理业务,配送中心对订单进行始发地、目的地、重量、体积等进行统计,产生每一个订单的配送计划,由系统自动地进行车辆和线路和装车的安排;装车完毕后,进行送货单打印,同时对货物进行实时跟踪;在货物到达目的地后,经收货方确认后,凭回单向物流配送中心确认;车辆每完成一次配送就要对车辆进行一次考核。

3.5.5 系统数据流程分析

(1) 结算管理子系统数据流。工作人员输入查询要求,通过订单结算处理得到承运人账单和客户收款信息,承运人账单经审核无误后,向承运人支付尾款;将客户收款信息传给需交费的客户,交费成功后更新订单信息库内容;财务人员输入查询要求,可以从订单信息库中调取需要查询的业务;客户输入查询要求,可以从订单信息库中查询属于自己公司产品的销售情况。

(2) 客户管理子系统数据流。运营部将客户合同中有关客户信息整理并上传至客户合同管理系统,经过进一步处理后储存并更新客户信息库。财务部将客户缴费情况整理并上传,经由信用分析及信誉评定功能,将客户信誉信息上传至客户信息库。客户填写个人基本信息,并储存在客户信息库,如需修改个人信息,提交修改申请,审核通过后更新信息库。

(3) 出库管理子系统数据流。在出库过程中,仓库主管首先接收到提货单,进行仓位查询,并将提货单传送给仓管员,仓管员进行复核查询处理得出实际货物仓位单,仓管员进行仓库货物检查,整理出发货单、损坏过期单和仓库余货单、顾客余货单,并进行数据存储。

(4) 配送管理子系统数据流程。在配送过程中,在顾客下单和供应商接单之后提交到配送中心,配送中心进行业务受理,开始订单汇总和订单分配,并将订单信息和配送方案存储,同时进行货物跟踪并实时提交给信息部,信息部将物流信息反馈给顾客和供应商。

3.5.6 现行系统存在的主要问题和薄弱环节

(1) 物流公司现行系统多数业务活动尚处于手工工作状态,工作量大,误差较多,造成人力的浪费。

(2) 查询调度管理困难,尤其是入库、出库、配送等模块管理的数据统计时更为困难,且准确性较差。

3.5.7 新系统的方案分析

3.5.7.1 方案1

1. 拟建系统的目标

(1) 促进管理体制的改革和改进管理手段。

(2) 提高和改进管理信息服务质量。

(3) 增强资源共享。

（4）减少人力和设备费用。

（5）加快信息的查询速度和准确性。

2. 系统规划及初步方案

第三方物流管理系统建成后可以和互联网相连,提供网上调度和订单查询等服务,各部门和客户在网络终端即可进行配货查询、配送预约以及费用结算等。本系统拟采用 AMD 四核处理器,4GB 内存,硬盘 500GB,打印机一台,网络服务器一台。

3. 系统的实施方案

本系统客户端拟采用 Windows 7 操作系统,服务器采用 Window NT 操作系统,前端开发语言使用 PowerBuilder ,使用 MS SQL Server 数据库管理系统,本系统由 DLUT 软件中心开发,大约需要 6 个月时间。

4. 投资方案

此系统由 NT 第三方物流公司一次性投资 30 000 元,在 2015 年 10 月拨入。

5. 人员培训及补充方案

由于人-机界面友好、操作简单、帮助信息详尽,一般人员皆可使用,无须专门培训。

6. 技术可行性

本方案技术要求比较高,安全性和可靠性都要强,但通过前面的综合分析,可以知道,技术上是可行的。

7. 经济可行性

本方案由于采用网络方式,因此,投入要比较多,但此系统建成后,可以实现资源共享,可以支持网络查询和预订功能。不但节省人力,还可以带来经济效益,经济上是可行的。

8. 运行可行性

通过前面的分析可知,系统具有运行可行性。

3.5.7.2 方案 2

1. 拟建系统的目标

（1）促进管理体制的改革和改进管理手段。

（2）提高和改进管理信息服务质量。

（3）减少人力和设备费用。

（4）用计算机代替手工劳动。

（5）加快信息的查询速度和准确性。

2. 系统规划及初步方案

第三方物流管理系统使用单机作业,由专人输入有关信息,可以进行订单查询、上报计划、统计分析等。本系统拟采用 AMD 四核处理器,4GB 内存,硬盘 500GB。打印机一台。

3. 系统的实施方案

本系统客户端拟采用 Window XP 操作系统,前端开发语言使 PowerBuilder 本系统由 DLUT 软件中心开发,大约需要 2 个月。

4. 投资方案

此系统由 NT 第三方物流公司一次性投资 15 000 元,在 2015 年 10 月拨入。

5. 技术可行性分析

本方案技术要求不高,由于是单机作业,系统的安全性和可靠性要求也不高,从技术上来说是完全可行的。

6. 经济可行性

由于本方案是单机作业,不具有网络资源共享,因此,其使用范围小,发挥的作用小,只是使用计算机代替手工工作此系统建成后,不支持网络操作。但可以节省人力,可以带来一些本方案经济效益。从经济上说是可行的。

7. 运行可行性

通过前面的分析可知,系统具有运行可行性。

通过方案 1 和方案 2 的比较可知,方案 1 的功能较全面,比较适合现代物流的发展趋势,从长远来看,选择方案 1 是比较理想的。

通过前面的分析论证,我们认为采用方案 1 比较合适,依据可行性分析的结果,可按方案 1 立即进行系统的开发工作。

3.6　本章小结

初步调查研究结束后,应提交一份可行性分析报告;而可行性分析的首要任务是进行系统的初步调查。进行可行性分析时,需要考虑系统开发中涉及的经济、技术、管理和运行等方面的因素,需要进行费用和效益分析,费用和效益可以是确定性的或不确定性的、直接或间接的、固定的或可变的;费用的估计要考虑软硬件、人员、装备和消耗材料等的支出,以便进行最终评价,在费用估算时,往往会出现低估现象;系统分析员进行可行性分析时应预备多个方案,客观地指出各种方案的利弊得失。

第4章 软件系统总体规划

如果待开发系统经过分析后认为是可行的,则需要从战略的角度进行总体规划,以确定该信息系统的组成以及子系统的开发顺序。软件系统的总体规划主要有战略目标集转化法(Strategy Set Transformation,SST)、关键成功因素法(Critical Success Factors,CSF)以及企业系统规划法(Business System Planning,BSP)等。其中,企业系统规划法是自20世纪70年代初被美国IBM公司用于企业内部系统开发的方法,也是一种有效的、能辅助制定软件系统战略规划的结构化方法。

4.1 系统总体规划概述

软件系统的总体规划也称为战略规划,是关于软件系统长远发展的规划,是一种被决策者、管理者和开发者共同制定和遵守的建立信息系统的纲领。

4.1.1 总体规划的主要任务和意义

1. 总体规划的任务

软件系统总体规划的任务主要包括如下3方面。

(1)确定系统的体系结构。从系统的全局出发对系统进行调查和分析,在总体上确定管理信息系统的体系结构。

(2)提出系统开发的优先顺序。将软件系统分成若干个小的系统,制定子系统之间的关联条件,设计子系统开发的优先顺序,提出系统资源的分配计划和分步实施计划。

(3)设计计算机的逻辑配置方案。根据当前的计算机发展情况和网络环境,提出计算机的逻辑配置设计方案。

2. 总体规划的意义

良好的总体规划可以从全局的角度使软件系统具有明确的目标和科学的开发计划、提高系统的适用性和可靠性以及节省开发费用,其意义主要体现在4方面。

(1)总体规划是系统开发的前提条件。软件系统的开发涉及众多的管理部门,需要在总体规划阶段对各种资源进行统筹安排和协调,以避免人力、物力和财力等资源的浪费而影响系统的开发进度。良好的总体规划是建立软件系统的前提条件。

(2)总体规划是系统顺利开发的保证。总体规划的主要工作是对系统的目标、环境、业务和决策行为进行统筹协调。总体规划可以保证系统的开发可以严格按照计划有序进行,同时也允许对开发过程中的偏差进行及时修改、微调和完善,有效地避免因为缺少规划安排而造成的损失。

（3）总体规划是系统开发的纲领。总体规划明确规定了系统开发的目标、任务、方法、相关人员必须共同遵守的准则以及系统开发过程的管理和控制手段等，这些是能够指导系统开发的纲领性文件。

（4）总体规划是系统验收评价的标准。系统开发完成后，如何对系统的功能和运行结果进行测试、验收和评价是关系到用户满意度的重要问题。测试、验收以及评价工作都是以总体规划为标准进行的，即只有符合总体规划标准的系统开发认为是成功的。

4.1.2　总体规划的特点和设计原则

1. 总体规划的特点

总体规划是面向高层和全局的需求分析，是高层次的系统分析，其具有如下特点：

（1）总体规划着眼于高层管理，兼顾中层与操作层规划方面的内容。

（2）总体规划是侧重于高层的、有具体准则的需求分析。

（3）总体规划把系统实施计划看作设计任务中的决策内容，支持系统优先级的评估。

（4）总体规划阶段将系统结构设计着眼于子系统的划分，对子系统的划分有明确的规则。

（5）总体规划是从宏观上对系统进行描述，对处理过程的描述限于"过程组"级，对数据的描述限于"数据类"级。

2. 总体规划的原则

软件系统的总体规划应该遵循如下 5 条原则。

（1）支持组织的总体目标。总体规划采取自上而下的规划方法，从组织的目标入手，逐步向软件系统目标和结构转化。

（2）实施便利。规划和设计是自顶向下的，在系统结构设计的同时，还应该考虑系统实施的先后顺序和实施步骤。

（3）良好的整体性结构。设计中应注意整体结构的最优化，以保证系统结构的完整性和信息的一致性。

（4）面向组织各管理层。总体规划是针对战略层、控制层和业务层 3 个层次开展的信息需求规划。

（5）与组织机构的独立性。总体规划最基本的活动和决策可以独立于任何层次和管理职责，它从方法上摆脱了软件系统对组织机构的依赖性。

4.1.3　总体规划的步骤

1. 总体规划时机的选择

软件系统从产生到应用成熟直至退出使用的过程，美国哈佛大学教授诺兰（Nolan）在总结了国外一些组织信息系统的开发过程后，于 1973 年首次提出了信息系统发展的阶段理论，即诺兰模型。诺兰模型将管理信息系统的发展过程分为 6 个不同阶段，即初始、蔓延、控制、集成、数据管理和信息管理，如图 4-1 所示。

诺兰模型的初始阶段大部分发生于组织的财务部门，从购买第一台用于管理的计算机开始。蔓延阶段指随着组织内部计算机数量的增多，管理应用程序逐步被开发和使用在多个部门。控制阶段是指随着计算机预算的增加和应用项目的不断积累，客观上要求加强组织内部的协调管理和统筹规划，尤其是利用数据库技术解决数据共享等问题，此时的严格控

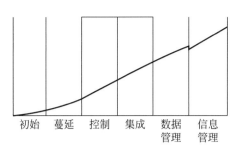

图 4-1　诺兰模型

制阶段代替了蔓延阶段,这一阶段实现了由计算机管理为主过渡到以数据管理为主,发展较为缓慢。集成阶段就是在控制的基础上对各个子系统的软件和硬件进行重新连接,建立集中式的数据库和能够充分利用和管理各种信息的系统,在该阶段,系统的开发首先应该考虑总体,面向数据库建立稳定的全局数据模型。数据管理阶段中的信息管理提高到了一个新的、以计算机为技术手段的水平,实行了整个组织的信息资源管理。信息管理阶段是对数据进行进一步加工、利用的阶段,该阶段实现了系统满足组织中各个管理层次的要求和对信息资源的管理。

诺兰模型中的曲线是一条波浪式的曲线,一般认为模型中的各个阶段是不能跳跃的,但是可以压缩某些阶段的时间,尤其是蔓延阶段。总体规划的时机最好选择在控制阶段或集成阶段,因为如果总体规划的时机选择过早,会使得总体规划的指导性不强,失去了全局规划的意义;如果总体规划的时机选择过晚,由于已经建立了大量分散的独立系统,有些系统要进行改造后才适合集成为一个大系统,这容易造成时间和开支的浪费。

2. 总体规划的步骤

软件系统的总体规划可分为如下步骤,如图 4-2 所示。

(1)总体规划准备。准备阶段要做好系统调查计划、调查对象和调查大纲的准备工作,保证规划顺利进行。

(2)组织机构调查。通过组织机构调查可以了解各部门的职责以及物流、资金流和信息流的流动情况。

(3)定义管理目标。确定各级管理的统一目标,各部门的目标要服从总体目标。只有明确组织的管理目标,信息系统才可能给组织以直接的支持。

(4)定义管理功能。定义管理功能也称为定义业务过程,它是 BSP 方法的核心,主要用以识别组织在管理过程中的主要活动和决策。

(5)定义数据类。数据类是支持业务过程所必需的逻辑上相关的数据。在定义管理功能的基础上对数据进行分类。数据分类是按业务过程来进行的,即分别从各项业务过程的角度将与该业务有关的输入数据和输出数据按逻辑相关性整理出来归纳成数据类。

(6)定义信息结构。确定信息系统各个部分及其相关数据之间的关系,导出各个独立性较强的模块。

(7)确定总体结构中的优先顺序。确定总体结构中子系统开发的有限顺序,即对信息系统总体结构中的子系统按先后顺序安排出开发计划。

(8)计算机逻辑配置。对计算机系统进行逻辑配置,确定其网络结构。

(9)完成总体规划报告,提出开发计划。

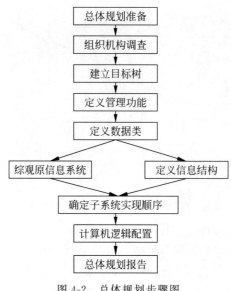

图 4-2　总体规划步骤图

4.2　U/C 矩阵的建立

4.2.1　定义数据类

数据类是指支持业务过程所必需的逻辑上相关的数据。对数据进行分类时按业务过程展开的,即分别从各项业务过程的角度将与该业务过程有关的输入数据和输出数据按逻辑相关性整理出来归纳成数据类,即把系统中密切相关的信息归为一类数据,如岗位信息、资料、人员等。识别数据类的目的是了解组织目前的数据状况和数据要求,查迷宫数据共享的关系,建立数据类/功能矩阵,为定义信息结构提供基本依据。

1. 定义数据类的方法

定义数据类有实体法和功能法两种。

实体法是指在把与企业有关的可以独立考虑的事物都抽象为实体,如岗位信息、资料、人员、交替单等。每个实体根据资源的管理过程,可以再细分为计划型、统计型、文档型和业务型 4 类实体。其中,计划型反映目标、资源转换过程等计划值;统计型反映企业状况提供反馈信息,这类数据大多属于二次数据;文档型反映实体现状,这类数据最容易识别;业务型反映生命周期各阶段过渡过程相关文档型数据的变化,这类数据较容易识别。根据对企业组织结构的输入/输出数据的调查,结合数据的 4 种类型,可以将实体和数据类集中一张二维表上,从而生成实体/数据类矩阵,如表 4-1 所示。

表 4-1　实体/数据类矩阵

实体数据类	产品	客户	设备	材料	现金	人员
计划型	产品计划	市场计划	设备计划	材料需求	预算	人员计划
统计型	产品需求	销售历史	利用率	需求历史	财务统计	人员统计
文档型	产品规范成品	客户	工作负荷运行	原材料产品组成表	财务会计	职工档案
业务型	订货	发运记录	进出记录	采购订货	应收业务	人事调动记录

功能法是指在系统中每个功能都有相应的输入和输出的数据类,对每个功能标识出其输入、输出数据类。一般的系统可以分解为 30～60 个数据类。图 4-3 是使用功能法分解数据类的例子。

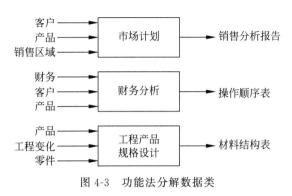

图 4-3　功能法分解数据类

2. 定义 U/C 矩阵

功能和数据类定义好之后,可以得到一张功能/数据类表格,表达功能与数据类之间的联系。企业系统规划法(BSP)就是将过程和数据类两者作为定义企业信息系统总体结构的基础。利用过程/数据矩阵(U/C 矩阵)来表达两者之间的关系。矩阵中的行表示数据类,列表示过程,表中相交部分用字母 U(Use)和 C(Create)分别表示过程对数据类的使用和产生关系,如表 4-2 所示。

表 4-2　功能/数据类矩阵

功能 \ 数据类	录用人员名单	基本信息表	信息资料	进修信息	进修条件	进修计划表	进修人员交替单	岗位调动表	客户信息	业绩信息表	车辆预订信息	薪资结果	薪资详单
基础信息设置	U	C	U					U					
信息整理	C		U	U			U	U		U			U
基本信息查询	U	U	C					U					
基本信息更新			U					C					
进修控制			U	U	C	C	U	U					
进修人员安排						C							
进修信息查询			U	C				U					
进修信息更新			U	U			C						
薪资计算			U									C	U
社会保险福利			U									U	U
薪资信息查询			U							U		U	U
薪资信息更新			U							U		U	C
业绩统计									C	U	U		
车辆预订									U		C		
业绩查询			U							U			
业绩更新			U							C			

4.2.2 U/C 矩阵的检验

U/C 矩阵说明了哪些过程产生数据和哪些过程使用数据。建立完成矩阵后,需要进行三类检验:完备性检验、一致性检验和无冗余性检验。

完备性检验是指每一个数据类必须有一个产生者(Creater)和至少一个使用者(User);每个功能必须产生或使用数据类;否则该 U/C 矩阵是不完备的。

一致性检验是指每一个数据类中的数据都必须至少由一个过程产生。如果某一个数据类只被某些过程使用,而没有产生它的过程,则说明可能存在被遗漏的业务过程;反之,如果某个数据类由多个过程产生,规划人员可以根据实际管理的需求考虑将有关的数据类分解为多个数据类。保证数据类仅由一个过程产生,而被多个过程使用。

无冗余性检验是指矩阵中的每一行或每一列必须有 U 或 C 的存在,即不允许有空行或空列。如果存在空行空列,则说明该功能或数据的划分是冗余的。

4.3 子系统的划分

子系统的划分是通过定义信息系统体系结构(Information System Architecture,ISA)来实现的。ISA 是指系统数据模型和功能模型的关联结构,采用 U/C 矩阵来表示。定义信息系统总体结构的目的是刻画未来信息系统的框架和相应的数据类,这个阶段的主要工作和成果便是对子系统的划分。

1. 调整功能/数据类矩阵

检查纵向的功能列是否按功能组排列,功能组的排列顺序按管理阶段模型进行,每一功能组内的子功能按照"产生—获取—服务—退出"4 个阶段排列。排列横向的数据类,使矩阵中 C 靠近主对角线。

具体调整的方法为:由第一过程产生的数据类向左边移动,如表 4-2 中的第一个过程"基础信息设置"产生了了"基本信息表"数据类,则需要将"基本信息表"所在的列调到最左侧,之后将第二个过程"信息整理"产生的数据类"录用人员名单"移到左边第二列,反复调整后,使得矩阵中的字母 C 大致分布在主对角线上。将表 4-2 的初始矩阵调整后,得到表 4-3 所示的 U/C 矩阵。在调整过程中,可以适当调整功能组,使 U 也尽可能靠近主对角线。

2. 划分子系统

用粗实线将功能组框出,保证矩阵内的字母 C 尽量被框入功能组,功能组的划分根据调研的逻辑职能结果和经验来进行。则每个功能组就是未来系统的一个子系统,如表 4-4 所示。之后根据功能组之间的数据流动关系,用箭头将方框外的 U 联系起来,代表子系统间存在的数据交流。例如,"信息资料"数据类由"基本信息管理子系统"产生,而被"进修管理子系统"所使用,则画一条由"基本信息管理子系统"到"进修管理子系统"的有向线段。以此类推,画出矩阵中能够将全部 U 联系起来的数据流,之后删除矩阵中全部的 U 和 C。最后将数据类和功能都给去掉,将矩阵中全部的子系统抽象提取出来,就形成了信息系统总体结构图,如图 4-4 所示。

表 4-3　调整后的功能/数据类矩阵

功能 \ 数据类	基本信息表	录用人员名单	信息资料	岗位调动表	进修条件	进修计划表	进修信息	进修人员交替单	薪资结果	薪资详单	客户信息	车辆预定信息	业绩信息表
基础信息设置	C	U	U	U									
信息整理		C	U	U			U	U		U			U
基本信息查询	U	U	C	U									
基本信息更新			U	C									
进修控制			U	U	C	U	U						
进修人员安排						C							
进修信息查询			U			U	C	U					
进修信息更新			U				U	C					
薪资计算			U						C	U			
社会保险福利			U						U	U			
薪资信息查询			U						U	U			U
薪资信息更新			U						U	C			
业绩统计									U		C	U	
车辆预定											U	C	
业绩查询			U									U	
业绩更新			U										C

表 4-4　功能子系统的划分

功能 \ 数据类	基本信息表	录用人员名单	信息资料	岗位调动表	进修条件	进修计划表	进修信息	进修人员交替单	薪资结果	薪资详单	客户信息	车辆预定信息	业绩信息表
基础信息设置	基本信息管理子系统												
信息整理	基本信息管理子系统						U	U		U			U
基本信息查询	基本信息管理子系统												
基本信息更新	基本信息管理子系统												
进修控制			U	U	进修管理子系统								
进修人员安排					进修管理子系统								
进修信息查询			U		进修管理子系统								
进修信息更新			U		进修管理子系统								
薪资计算			U						薪资管理子系统				
社会保险福利			U						薪资管理子系统				
薪资信息查询			U						薪资管理子系统				U
薪资信息更新			U						薪资管理子系统				U
业绩统计									U		业绩管理子系统		
车辆预定											业绩管理子系统		
业绩查询			U								业绩管理子系统		
业绩更新			U								业绩管理子系统		

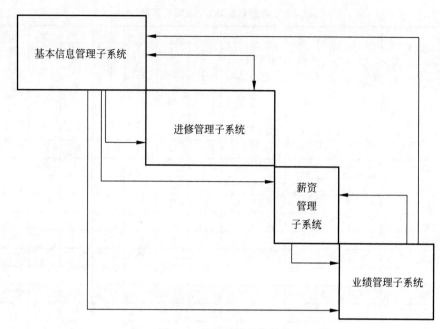

图 4-4　信息系统总体结构

通过 U/C 矩阵的正确性检验，可以及时发现前段分析和调查工作的疏漏，并分析数据的正确性和完整性。通过对 U/C 矩阵的求解过程最终可进行子系统的划分；通过子系统之间的 U 可以确定子系统之间的共享数据。

总体规划可以确定出未来软件系统的总体结构，明确系统的子系统组成和开发子系统的先后顺序，对数据进行统一规划、管理和控制，明确各子系统之间的数据交换关系，保证信息的一致性。

4.4　本 章 小 结

软件系统总体规划的主要目标是制定软件系统的长期发展方案，决定信息系统整个生命周期内的发展方向、规划和发展进程。它可以提供投入资源的时间表，控制方案进度的查验点，预估方案需要的预算，提供是否继续执行方案的判断准则，从全局的角度对以后各阶段的设计提供基础，总体规划阶段同时确定了软件系统中子系统的划分。

第 5 章　软件系统分析

总体规划阶段提出了新系统的初步规划,软件系统分析则是根据总体规划所确定的范围,对现行系统进行调查,刻画现行系统的业务流程,确定新系统的基本目标和逻辑功能模型。逻辑功能模型规定了系统应该做什么,与具体的实现技术无关,它根据业务流程分析将业务需求转化为数据流程图。

5.1　软件系统分析任务

软件系统分析的目的是研究各个部分如何交互工作以实现系统的最终目标,系统分析阶段重点强调业务问题流程,而非技术实现的层面。系统分析阶段的任务是从现行系统出发,对现行系统进行调查,详细了解每一个业务过程、业务活动以及用户对信息系统的需求。系统分析员首先根据现行系统的功能及存在的问题,运行计算机、管理学等相关知识进行分析,然后对现行系统进行数据流程提取,并用数据流程图进行表示,最后确定出新系统应该具有的逻辑功能模型。

5.1.1　软件系统分析的原则

系统分析应遵循 3 方面原则,即逻辑设计与物理设计分开的原则、面向用户的原则和结构化分析的原则。

1. 逻辑设计与物理设计分开

在传统的系统开发过程中,系统开发人员过早地花费时间和精力选择软硬件配置和处理方法等物理细节,往往到开发后期发现某些不合适甚至没有必要的部分,这不仅容易造成人力、物力和财力等方面的浪费,还会对系统开发造成严重的不良后果。

系统的逻辑设计主要处理独立于任何技术方案的业务需求,是总体设计;物理设计侧重于描述用户业务需求的技术实现,是在总体设计下的各个局部细节的安排。逻辑设计与物理设计分开是结构化方法的特点之一,在系统分析阶段专注于逻辑设计,有利于保证系统整体的合理性,而系统设计阶段才应该以逻辑设计的结果为依据规划物理设计方案,如图 5-1 所示。

2. 面向用户

用户是系统开发的源点,用户的参与程度和满意度是关系系统开发成功的关键,新系统的逻辑模型能否满足用户的需求是系统开发工作围绕的核心。在系统分析阶段,只有把用户的需求放在第一位,才能提出合理正确的新系统逻辑模型。尽可能消除交流障碍和误解是系统分析中应该解决的重要问题。

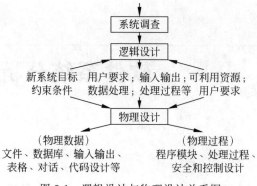

图 5-1　逻辑设计与物理设计关系图

3. 结构化分析

按照系统的观点,客观世界的任何事物都是相互联系的整体。结构化分析的基本思想是用系统的思想、系统工程的方法,按用户至上的原则,自顶向下、逐层分解地分析和设计系统。通过结构化的方法,将系统分析中复杂的大问题分解为若干简单的小问题。

5.1.2　软件系统分析的步骤

软件系统分析包括 7 个执行步骤:

(1)调查现行系统。对现行系统进行详细的调研,包括系统的功能要求、性能要求、联机系统响应时间、存储容量、安全性要求等,同时调查清楚现行系统的具体业务环节的执行人、执行时间、执行地点、执行目的以及执行方法等。

(2)分析业务流程。在详细调查的基础上,用业务流程图(Business Flow Diagram,BFD)刻画和分析具体的业务流程。

(3)分析数据流程。在业务流程分析的基础上,抽象和提取流程中的数据传递和依赖关系,并用数据流程图(Data Flow Diagram,DFD)刻画分析的结果。

(4)确定新系统的逻辑结构。针对现行系统存在的问题,在业务和数据流程分析的基础上,确定新系统的开发目标和逻辑功能结构,用数据流程图或 IPO(Input Process Output)图进行表示。

(5)分析数据。对数据进行分析,并设计系统的概念数据模型,同时对实体运用数据存储规划技术进行规范化处理。

(6)建立数据字典。建立数据字典(Data Dictionary,DD),对系统中的功能描述运用结构式语言、判断树、判断表等系统分析工具进行定义。

(7)撰写系统分析报告。根据上述详细分析的结果,撰写完成系统分析报告。

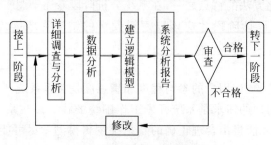

图 5-2　系统分析的步骤

在系统分析过程中涉及不同种类的工具：在系统概要描述阶段使用业务流程图和数据流程图；在数据描述阶段使用数据字典；在数据库逻辑设计阶段使用数据存储结构规范化方法；在功能详细描述阶段使用结构式语言、判断树和判断表等工具。

5.2　软件系统业务流程分析

业务流程分析是对现行系统详细调查结果进行整理和分析后，用简单方便的、用户能够理解的方法和工具来进行描述和表达，使其成为系统分析人员和用户之间进行交流的媒介和工具。业务流程分析采用自顶向下的方法，即先对高层管理业务进行分析，刻画高程管理业务流程图，再对每一个功能描述部分进行分解，刻画详细的业务流程图，如图5-3所示。

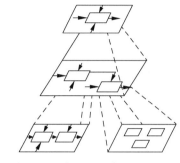

图 5-3　业务流程层次图

5.2.1　业务流程图的符号

业务流程图包括 5 种不同含义的符号，具体描述如下：

（1）⬭ 外部实体，表示业务处理的单位或部门，表达了某项业务参与的人或物。

（2）▯ 数据存储，表示数据存储或存档，是作为档案来进行保存的数据的载体。

（3）▯ 业务处理，表示业务功能描述，一般用简单的祈使句表明业务处理功能，如打印单证、统计数据。

（4）▯ 单证，表示各类单证、报表，是一种数据的载体。

（5）⟶ 数据流，表示业务数据的流动和方向，用单箭头表示。

5.2.2　业务流程分析方法

以医院管理信息系统的部分业务描述为例介绍业务流程分析方法的步骤和表达。该医院管理信息系统将分为门诊管理子系统、物资管理子系统、住院管理子系统、人事管理子系统、财务管理子系统、数据分析子系统以及开放给患者和社会的患者服务系统。各个子系统之间进行相关数据的共享，可以更加高效地服务患者。

5.2.2.1　门诊管理系统业务描述

门诊部是医院对外提供医疗服务的主要窗口，医院门诊部的服务质量和效率很大程度上决定了医院的服务水平和效率，门诊管理系统将以患者信息为核心、诊疗流程为主线，以经济核算为基础，对患者信息（包括挂号信息与诊断信息）、缴费、药品信息进行规范化管理。门诊业务流程分为普通门诊与急诊，对于普通门诊病人，处理过程如下：首先，病人需要挂号，挂号系统分为线上挂号和线下挂号。线上挂号流程为：病人网上预约挂号，预约成功后网上预约系统向患者手机上发送预约成功短信，病人利用第三方支付平台进行网上缴费，病人就诊时到挂号处领取病历本和医疗卡。线下挂号流程为:病人来到医院挂号处排队等待挂号,挂号处工作人员根据病人的病情描述为他们选择相应的诊疗科室和门诊医生,并填写好病历本基本信息,发放医院医疗卡。病人缴纳挂号费后,排队等待叫号就诊。医生根据病人的病症做出基本判断,为病人开具药方或要求病人去各检查科室进行检查。病人做完检查后,将检查结果反馈给主治医生,医生再次诊断后出具诊断结果,填写病历本,储存病历电子档。为了方便管理,病人需要将现金储存在医疗卡中,先到收费处划卡缴费,然后携带收据去药房开药或去各检查科室做检查。

对于急诊病人,先对急诊病人进行基本检查,根据检查结果进行急诊处理,病人缴纳费用,最后由医生补写病历。

1. 急诊业务流程图

对急诊病人进行急诊检查与处理,并对病历进行存档,如图 5-4 所示。

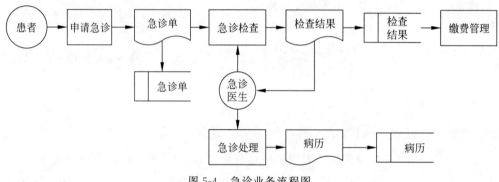

图 5-4　急诊业务流程图

2. 门诊业务流程图

门诊业务实现病人挂号、就诊、检查、缴费管理,对病人病历进行存档,如图 5-5 所示。

3. 挂号业务流程图

挂号业务分为线上挂号与线下挂号,实现病人挂号管理和挂号费缴纳,如图 5-6 所示。

4. 缴费业务流程图

缴费业务实现病人医疗卡充值、划卡消费管理,对缴费收据进行存档,如图 5-7 所示。

5.2.2.2　住院管理系统业务描述

医院住院管理系统包含三个子管理系统,分别是出入院管理子系统、诊治管理子系统、医疗资源调用管理子系统。出入院管理子系统:患者需要住院治疗时,必须由门诊医生签发入院通知卡(含患者姓名性别年龄职业工作单位及家庭详细地址和诊断),住院部收到入院通知卡后,结合床位等医疗资源信息办理入院手续并对患者信息和医疗资源信息进行更新存档(含床位、医保等住院信息),住院部通知临床科室接受患者,患者入院。对于危重患者经医师许可,须立即入院抢救的,可送入病房后办理入院手续。患者出院由主治医生提出,上级医师或科主任同意后,于出院前一日下医嘱,完成出院手续。对于转院,应逐级办理审批手续,写病情报告。或由患者或者家属提出申请书,经医务科同意后转院。诊治管理子系统:主管医生接到住院部通知后,对患者进行检查,做病程记录,下医嘱,开处方。对于夜间入院患者,值班医生接诊,在当班内完成病程记录,次日向主管医生交班。对于其他科患者误收本科,由接诊医生完成入院记录、病程记录、转科记录。住院医师查房,并核对查房记

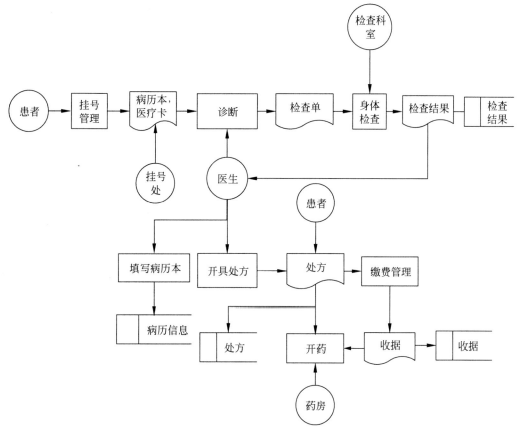

图 5-5　门诊业务流程图

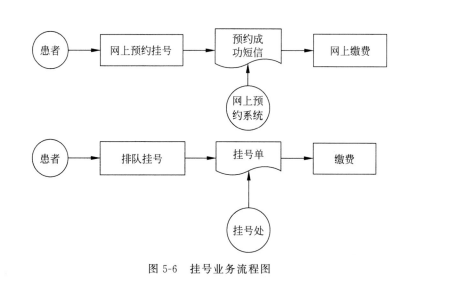

图 5-6　挂号业务流程图

软件系统分析

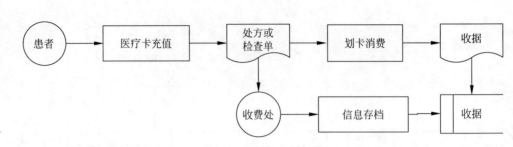

图 5-7　缴费业务流程图

录、提出查房建议、检查医嘱完成情况并对信息进行存档。主管医生提出会诊要求,填写病程记录,经上级医师同意后送出。对会诊人员,结果进行存档。主治医生制定治疗方案,开医嘱。医疗资源调用管理子系统:根据患者的病情和医技科室提供的资源清单,主管医生制定治疗方案,相关科室和相关医生协同治疗,主管医生完成治疗记录,将记录保存到患者的病程记录中。

1. 资源调用管理业务流程图

患者提交基本信息表,经过出入院管理、诊治管理和医疗资源管理等业务流程直至退出住院管理系统业务,如图 5-8 所示。

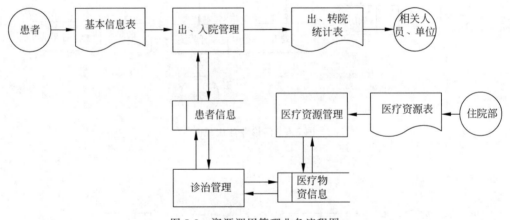

图 5-8　资源调用管理业务流程图

2. 出入院管理业务流程图

主管医生、值班医生和查房医生共同完成病程记录,此外主管医生根据患者病情发起会诊,整理会诊记录并存档,如图 5-9 所示。

3. 诊疗记录管理子系统

主管医生结合病程记录和医疗资源信息制定诊治方案,治疗后对病程记录和医疗资源信息存档更新,如图 5-10 所示。

5.2.2.3　人事管理系统业务描述

医院人事管理系统是医院合理用人、配置人力资源的重要系统。在系统开发中就要求系统能够合理并最大限度地实现人力资源的价值、提高员工工作效率和医院经济效益、降低人力资源成本。医院应以此系统为中心实现全员各部门计算机网络的信息共享,为医院领导的决策提供翔实的依据。

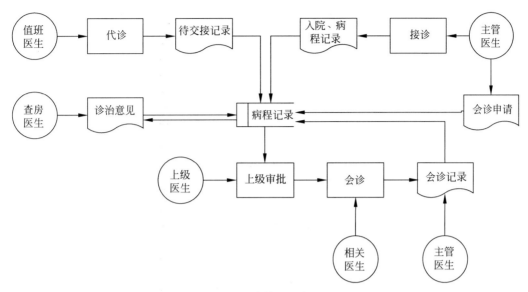

图 5-9　出入院管理业务流程图

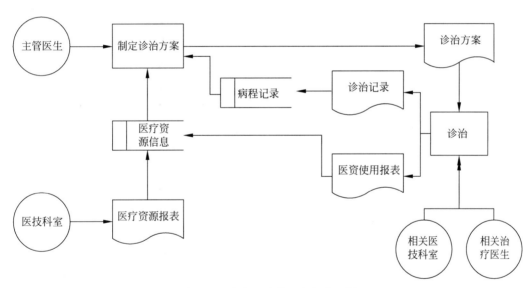

图 5-10　诊疗记录管理业务流程图

人事管理信息系统实际上是医院各项管理系统中的一个职能域,是医院信息系统的一个子系统。人事管理的业务流程(见图 5-11)是:人员招聘前,各科室将需要人才数量上报管理层,管理层审批后由人事部进行招聘和审核。新任命的员工填写员工登记表,审核后由人事部门录入信息,检查准确无误后存档。实习人员填写实习登记表,审核后由人事部门录入信息,检查准确无误后存档。每年各科室要进行人事考核,人事考核信息要进行存档,并将统计报表上交管理层。各科室每月要将月计划表上交人事部,业务执行计划准确无误后进行存档。每月的业务信息要进行管理,各科室将每月业务汇总后上报人事部,人事部进行统计并存档,后期用于人员考核。考核后结算的工资要进行统计并存档,后期交给财务部门。所有员工都要进行考勤登记,各科室将考勤记录表上报人事部门,统计后存档后期用于

软件系统分析

人员考核。对于合同到期和退休人员需要填写登记表,审核后交给相关人员。

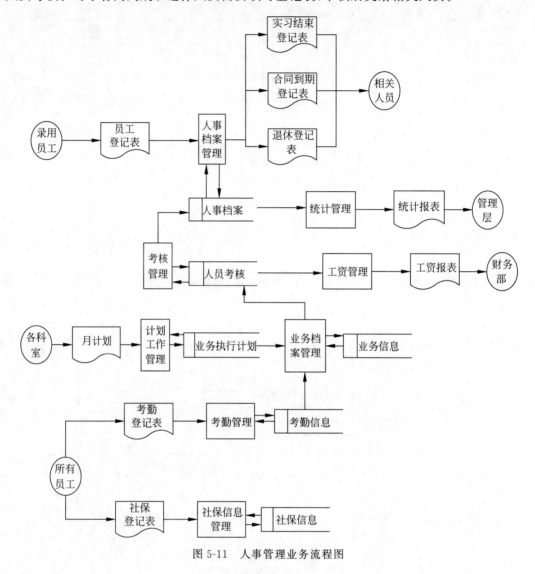

图 5-11　人事管理业务流程图

5.3　软件系统数据流程分析

对软件系统进行业务流程分析后会发现,并非所有的业务处理都会产生数据,并非全部的业务环节都需要由计算机来完成。在业务流程分析的基础上,需要提取可由计算机完成的业务活动,通过数据流程图来表示各环节产生的数据的存储、处理及其流向。

5.3.1　数据流程图的符号

数据流程图包括 4 种不同含义的符号,具体描述如下:

（1）┃外部项┃ 外部项（外部实体），是数据的来源和流向目的地。
　　　┃名称┃

（2）┃标识┃数据存储名称┃ 静态的数据存储，是数据库的逻辑描述。

（3）──────▶ 数据流，表示数据的输入或输出，表明了数据的动态流向，数据流的上方需要标注数据流的名称。

（4）┃标识┃
　　　┃功能描述┃ 处理功能，表示对数据进行加工处理的逻辑功能。
　　　┃功能执行者┃

1. 外部项

外部项（又称为外部实体）表示不受系统控制的、系统以外的人或部门，它表达了该系统数据处理的外部来源和流向的目的地。某些情况下，为了避免在同一张数据流程图中出现线条交叉的现象，同一个外部项可以在一张数据流程图中的不同位置出现多次。

如图 5-12 所示，医院管理系统中的门诊业务数据流程图中两次出现了"患者"这一相同的外部项。

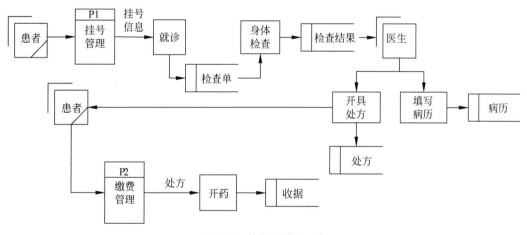

图 5-12　外部项描述示例

管理信息系统涉及的外部项应该较少，如果外部项过多，则说明系统缺少独立性。

2. 数据存储

数据存储是用来保存数据的地方，它既不是指数据保存的物理地点或物理存储介质，也不是指文件箱、磁盘或磁带，而是指数据存储的逻辑描述，即数据库的逻辑描述。为避免数据流程图中线条的交叉，同一个数据存储可以在一张数据流程图中的不同位置出现多次。在数据流程图中，处理逻辑和处理逻辑之间尽量避免有直接的箭头联系，这时可通过数据存储进行衔接，既可以提高每个处理逻辑的独立性，又减少了系统的重复性。例如，图 5-13 中的"记录考勤"和"计算工资"两个处理逻辑通过"职工考勤"数据存储来衔接。

数据流程图中常见的数据存储分三种类型：数据流入型、数据流出型、数据更新型。

（1）数据流入型 ──▶┃　┃　┃ 表示向数据存储存入数据，即向数据存储写入数据。

（2）数据流出型 ┃　┃　┃──▶ 表示从数据存储读取数据。

软件系统分析

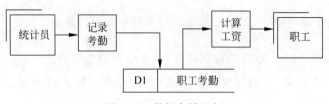

图 5-13　数据存储示例

（3）数据更新型 表示从数据存储读取数据，经系统修改后又重新存入数据存储中，即更改数据存储中的数据。

3. 数据流

数据流图中的数据流应该在其上方标明数据流的名称，如图 5-14 所示。

可能的数据流向有下列 4 种形式：

（1）外部项向系统流入数据，如图 5-15 所示。

（2）系统向外部项输出数据，如图 5-16 所示。

（3）数据存储可采用双箭头，如图 5-17 所示。

（4）向处理传送数据，经处理后生成新的数据，如图 5-18 所示。

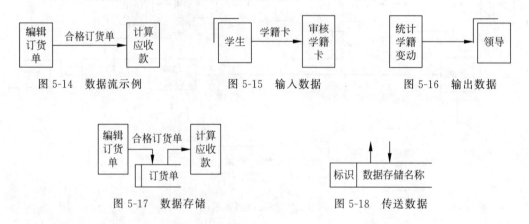

图 5-14　数据流示例　　　　图 5-15　输入数据　　　　图 5-16　输出数据

图 5-17　数据存储　　　　　　　图 5-18　传送数据

当数据流表示的含义很明显时，其上的名称可以省略。

绘制数据流时应该注意：数据流必须有一端与处理功能连接；不能从外部实体直接到外部实体；不能从数据存储直接到外部实体或从外部实体直接到数据存储；不能从数据存储直接到数据存储。

4. 数据处理功能

处理功能，表示对数据处理的逻辑功能，即把流向它的数据进行一定的变换处理，生成新的数据，如图 5-19 所示。

其中的"标识"用来标明处理功能，以区别于其他处理；既可用单纯的数字表示，也可用字母 P 加数字表示，标明它的层数，如图 5-20 中的 P1、P1.1、P1.1.1、P1.1.2 分别表示位于第 1 层、第 2 层和第 3 层的处理功能。

图 5-19　数据处理功能

图 5-20　数据处理分层

其中的"功能描述"应有唯一的名称,是处理功能中必不可少的组成部分,要用简单的祈使句来表示这个处理所要完成的事情。祈使句应是"动词＋名词"的形式,如图 5-21 中前 3 个是正确的处理功能描述,后 2 个功能描述是不标准的。

P1	P2	P3	P4	P5
输入数据	打印报表	计算工资	打印	工资
录入员	人事处	财务处		

图 5-21　处理功能描述

"功能执行者"表示完成功能的角色,可以是人、部门或计算机程序。

在数据流程图中,处理逻辑必须要有输入/输出的数据流,可有若干个输入/输出的数据流,但不能只有输入或只有输出的数据流,例如图 5-22 中前 2 个是正确的处理功能,而第 3 个处理功能只有输入数据流,第 4 个处理功能只有输出的数据流,因此都是不正确的表示方法。

图 5-22　数据流

5.3.2　数据流程分析方法

数据流程图是用来反映系统中各项业务过程或业务活动之间的错综复杂的数据流通、加工、交换关系,以及数据处理之间的相互制约关系。数据流程图中不考虑具体的组织机构、工作场所、物流、资金流等,只考虑数据的加工、存储、流动或使用情况,它可以使系统分析员抽象地总结出新的信息系统的任务以及各项任务之间的关系。

5.3.2.1　数据流程图绘制步骤

进行数据流程分析的第一步是确定外部项,然后画出顶层数据流图(即 TOP 图),最后细化分支数据流图。TOP 图应该概括地反映出信息系统最主要的逻辑功能、最主要的外部项、输入和输出数据流、数据存储内容应尽可能少。如图 5-23 是 TOP 图示例。

细化数据流程图是逐层扩展的数据流程图,是指对上一层中的每个处理逻辑分别加以扩展。需要注意的是,下一层的输入和输出数据流至少要和上一层的输入和输出数据流相对应,下一层的外部项至少要和上一层的外部项相对应。输入/输出数据流、外部项只能增加,不能减少,并且每一层的数据流程图中的处理逻辑不宜过多,如图 5-24～图 5-26 所示。

软件系统分析

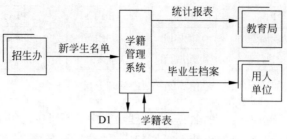

图 5-23　TOP 图示例

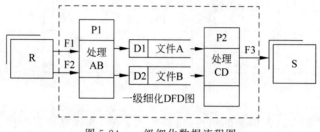

图 5-24　一级细化数据流程图

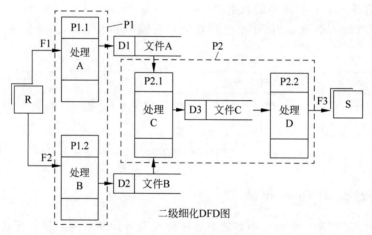

图 5-25　二级细化数据流程图

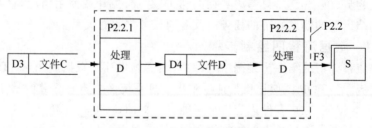

图 5-26　三级细化数据流程图

5.3.2.2　医院管理信息系统 TOP 图

以医院管理信息系统业务中的数据流向、存储和处理为例介绍数据流程分析方法的步骤和表达。医院与处理,对检查结果、病历和缴费收据进行存档。检查结果反馈给医生,医生根据结果进行处理。系统顶层数据流程图将具体展现患者、医生以及各个医院部门等外部实体与该医院管理信息系统之间的数据交换,同时说明各个子系统之间是如何进行数据传输、共享以及它们之间是如何相互协调,分工合作。图 5-27 描述了医院管理信息系统的高层数据流程图。

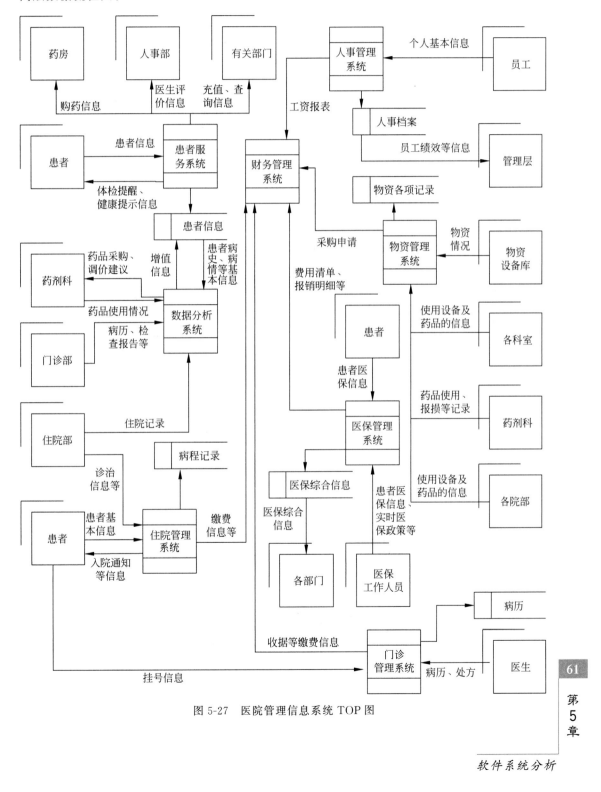

图 5-27　医院管理信息系统 TOP 图

软件系统分析

5.3.2.3 资源调用管理数据流程图

总的数据流程图包含 P1(出/入院管理)、P2(诊治管理)和 P3(医疗资源调用管理)3 个层次的数据流程图,如图 5-28 所示。

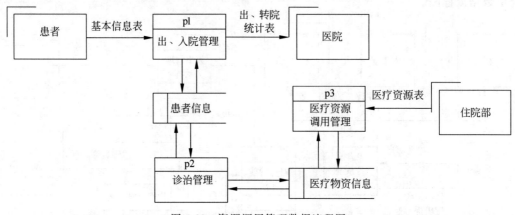

图 5-28 资源调用管理数据流程图

5.3.2.4 医保患者就医数据流程图

具有医保卡的患者在就医时,其信息与医保政策实时更新发给各部门以便记录与查询,如图 5-29 所示。

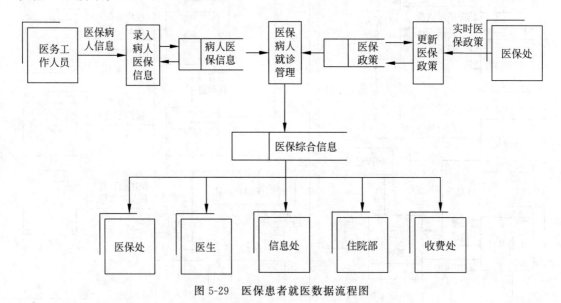

图 5-29 医保患者就医数据流程图

5.3.2.5 医保项目报销数据流程图

普通医保业务与特殊医保业务报销时相关信息在系统中的流动、存储、加工和流出的具体情况,如图 5-30 所示。

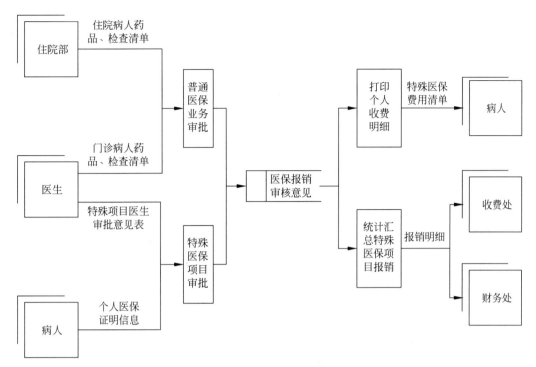

图 5-30　医保项目报销数据流程图

5.3.2.6　人事管理系统数据流程图

人事管理系统数据流图流程为：人员招聘前,各科室将需要人才数量上报管理层,管理层审批后由人事部进行招聘和审核。新任命的员工填写员工登记表,审核后由人事部门录入信息,检查准确无误后存档。实习人员填写实习登记表,审核后由人事部门录入信息,检查准确无误后存档。每年各科室要进行人事考核,人事考核信息要进行存档,并将统计报表上交管理层。各科室每月要将月计划表上交人事部,业务执行计划准确无误后进行存档。每月的业务信息要进行管理,各科室将每月业务汇总后上报人事部,人事部进行统计并存档,后期用于人员考核。考核后结算的工资要进行统计并存档,后期交给财务部门。所有员工都要进行考勤登记,各科室将考勤记录表上报人事部门,统计后存档后期用于人员考核。对于合同到期和退休人员需要填写登记表,审核后交给相关人员,如图 5-31 所示。

5.3.2.7　患者服务系统数据流程图

该数据流程图将展示患者服务系统在实现充值、查询、在线购药等功能时,系统内部是如何进行数据交换的,如图 5-32 所示。

在绘制数据流程图时,应注意检验其与对应的业务流程图以及检验数据流图之间的一致性,注意画图时的细节问题。

- 检验数据流程图与业务流程的一致性。按照"自顶向下"的原则进行检验;将数据流程图与相应的业务流程图进行对比检查,看是否有遗漏的数据处理功能;有关数据载体部分要与业务流程图一致。

软件系统分析

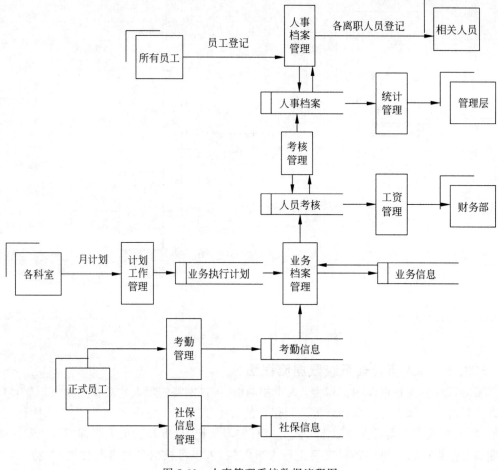

图 5-31　人事管理系统数据流程图

- 检验数据流程图的一致性和完整性。检查外部实体、数据流、数据存储、处理逻辑以及数据流程图之间的一致性；在高层数据流程图中出现的外部项、数据流和数据存储一定要在低层的数据流程图中出现。
- 画图时的注意事项。画图的时候，先从左侧开始标出外部项，左侧的外部项通常是系统主要的数据输入来源。画出由该外部项产生的数据流和相应的处理逻辑，如果需要将数据保存，则标出其数据存储。接收系统数据的外部项一般画在数据流的右侧。
- 数据流程图与程序框图的区别。数据流程图完全不反映时间的顺序，只反映数据的流向、自然的逻辑过程和必要的逻辑数据存储，不反映起始点也不反映终止点；不反映任何与计算机有关的专业技术；程序框图有严格时间顺序，有起始点和终止点，可以反映循环过程和条件判断。

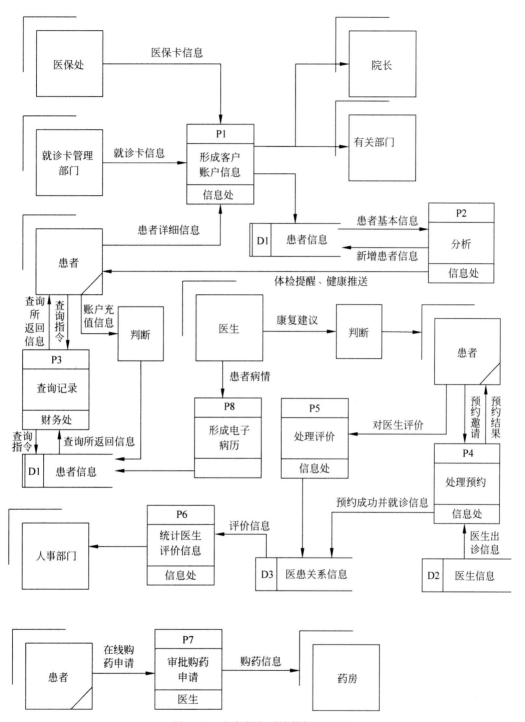

图 5-32 患者服务系统数据流程图

5.4　软件系统处理功能的表达

处理过程对数据的加工和处理包括数学运算、数据交换以及逻辑判断。其中的数学运算和数据交换可以使用精确的语言进行表达，而逻辑判断可能涉及部分非精确、意义模糊的描述，这可能会导致处理过程描述时出现界限不明确、逻辑条件次序不清晰和意义模糊词语的出现等现象。这不利于系统逻辑模型的构造和与用户进行有效的交流。因此，结构化分析中采用了一些有利于系统分析人员与用户的表达和理解的工具，比较典型的包括结构式语言、判断树和判断表。

5.4.1　结构式语言

结构式语言是介于自然语言和程序设计语言之间的语言。程序设计语言的优点是严格精确，但专业性太强不易被用户接受；自然语言的优点是容易理解，但不够精确，易于产生二义性。结构式语言是由程序设计语言的框架（顺序结构、分支结构和循环结构）和自然语言的词汇（如动词和名词等）组成。

结构式语言具有易于编写，并且可以简明地描述较复杂的处理逻辑功能的特点。结构式语言可以使用的词汇包括 3 类：

- 祈使句中的动词。
- 数据字典中已定义的名词。
- 常用的运算符、关系符等保留字。

结构式语言使用 4 类语句，即简单祈使句、判断语句、循环语句和复合语句。

1. 祈使句

祈使句是指要做什么事情，它至少包括一个动词，明确地指出要执行的功能，至少包括一个名词作为宾语，表示动作的对象，例如：统计评价信息、审批购药申请、处理预约。祈使句中尽量简短，不要使用形容词和副词。

例 5-1　假设有如下自然语言描述的场景。

某患者到医院首先选择一个自己对症的科室，然后携带诊断书到药房，请药剂师开票，到收银台交款，再回到药房，盖付款标记，然后取药离开医院。

用结构式语言描述如下：

（1）选择科室。

（2）携诊断书到药房。

（3）开票。

（4）交款。

（5）盖付款标记。

（6）取药。

（7）离开医院。

每一条都是祈使句，并按顺序显示出 7 个步骤，步骤中没有包括任何主观的决策或条件，仅按次序列出；每一步骤都有特定的次序，如果打乱了顺序，则看病买药过程就不成立；对处理过程的描述必须指出行动的正确次序。

2. 判断语句

判断语句类似于结构化程序设计中的判断结构，它的一般形式如下：

- 如果　条件1(成立)

　　　则 动作 A

否则　(条件1不成立)

　　　就 动作 B

例如,对学生成绩等级评定使用上述结构表示如下:

如果 100＞＝成绩＞＝90　　　则 等级定为"优"

如果 成绩＞＝80　　　　　　则 等级定为"良"

如果 成绩＞＝70　　　　　　则 等级定为"中"

如果 成绩＞＝60　　　　　　则 等级定为"及格"

如果 成绩＜60　　　　　　　则 等级定为"不及格"

3. 循环语句

循环语句指在某种条件下,连续执行相同的动作,直到这个动作不成立为止;它还可以明确地指出对每一种相同的事务,都执行相同的动作,其一般形式为:

- 如果条件满足　　则循环执行

例5-2 医生给患者挂号时,通常连续、重复地对每个患者病历手册做登记、分配科室,其结构式语言描述如下:

如果　存在待挂号的患者　则执行

登记病历手册

分配科室

4. 结构式语言注意的问题

(1) 所有的语句必须力求精练,具有较高的可读性,做到言简意赅,清晰准确,不要使用修饰或漫谈的形式。

(2) 祈使句中必须有一个动词,明确地表达执行的动作,但不要使用"做""处理""控制"之类的动词。描述功能中避免使用界限不明确的、含义模糊的或逻辑次序不清晰的词语。

(3) 祈使句中必须包括至少一个宾语,以明确地指出要做的事情,所有的名词必须在数据字典中已经定义。

(4) 不要使用形容词和副词。

(5) 在同一个系统中不要使用各种意义相似的动词,即只确定其中一个动词表达同一个意思。如:"修正""修改"和"改变"意义相似,在确定使用"修改"这个动词后,就不要再使用其他意义相似的动词。

(6) 判断句中的"如果"和"否则"要成对出现,每一层次要对齐。

5.4.2　判断树

如果某个动作的执行依赖于多个条件的话,则用结构式语言表示动作就需要多层的判断嵌套结构,而使逻辑表示不够清晰。因此,需要使用新的功能处理表达工具——判断树。

判断树是用树型图形来表示多个条件、多个取值所应采取动作的方式。判断树自左向右画,判断树的最左端是树根,它是决策序列的起点(决策名称);右边是各个判断分支,即每一个条件的取值状态;最右端(树叶)为应该采取的策略(即执行动作)。树中的非叶结点代表条件,它指出必须在能够选择下一条路线之前作出决定,查看条件是否满足,并依据条件作出决策。树的叶结点表明要采取的行动,这种行动依赖于它左边的条件序列。从树根开始,自左至右沿着某一个分支,能够做出一系列的决策。

例 5-3 假设某企业年终奖类别及具体评选条件如下:

- 优秀员工奖金

  优秀员工一等奖金比例为 4%,奖金金额为 15 000 元;

  优秀员工二等奖金比例为 7%,奖金金额为 10 000 元;

  优秀员工三等奖金比例为 18%,奖金金额为 6000 元。

- 获奖条件如下:

  优秀员工一等奖金,绩效评分在 85 分以上;

  优秀员工二等奖金,绩效评分在 78 分以上;

  优秀员工三等奖金,绩效评分在 68 分以上。

- 有 3 个处理动作,即最后发放的奖金金额。

在如图 5-33 所示绘制的判断树中,G 代表绩效评分,PX 代表综合考评排序号。D_i 代表第 i 等奖金名额,$D_i = \text{int}$(奖金等级比例×员工人数)。

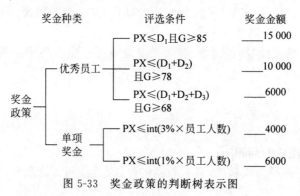

图 5-33　奖金政策的判断树表示图

根据示例,思考如下物流公司收费政策判断树。

例 5-4 某物流公司的收费标准如下:

收费地点在本省,则快件每千克 8 元,慢件每千克 6 元。

收费地点在外省,则在 30 千克以内(含 30 千克)快件每千克 12 元,慢件每千克 10 元;如果超过 30 千克时,则快件每千克 14 元,慢件每千克 12 元。

请根据上述要求,绘制确定收费标准的判断树。

当系统本身太复杂时,会存在许多步骤和组合条件的序列,结果系统的规模可能因为分支的数目和路径太多而难以控制,以致出现条件遗漏的情况。如例 5-5 中的情况。

例 5-5 某工厂人事部门对职工分配工作原则:

如果年龄不满 20 岁:

- 文化程度是小学,则脱产学习。
- 文化程度是中学,则当电工。

如果年龄满 20 岁但不满 40 岁:

- 如果文化程度是小学或中学,若是男性,则当钳工;若是女性,则当车工。
- 文化程度是大学,则当技术员。

如果年龄满 40 岁及以上者:

- 文化程度是小学或中学,则当材料员。
- 文化程度是大学,则当技术员。

该例可以用判断树表示。如图 5-34 所示,由于本例中的条件复杂,致使判断树表示的逻辑性不强,可读性也不够理想。

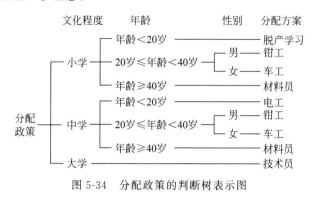

图 5-34　分配政策的判断树表示图

5.4.3　判断表

　　鉴于结构式语言和判断树各自应用范围和表现形式的局限性,系统分析功能处理还可采用另外一种工具,即判断表。

　　将例 5-5 的用工政策进行分析,该政策涉及 3 类判断条件,即年龄、性别和文化程度;其中年龄有 3 个可能取值区间,性别有 2 个可能取值,文化程度有 3 个可能取值,不同条件下的取值如表 5-1 所示。

表 5-1　用工政策条件/取值表

条 件 名 称	取 值	含 义
性别	0	男性
	1	女性
年龄	0	未满 18 岁
	1	满 18 岁但不满 40 岁
	2	满 40 岁以上
文化程度	0	小学毕业
	1	中学毕业
	2	大学毕业

　　通过概率统计知识可以知道,表 5-1 中有 18 种条件组合,即 $2\times3\times3=18$。该用工政策可能的用工结果包括"脱产学习""当钳工""当电工""当车工""当材料员"和"当技术员"。将 18 种条件组合通过判断表的形式进行表示,如表 5-2 所示,表中 $C_i(i=1,2,3)$ 表示不同条件、A_i 表示用工结果($i=1,2,\cdots,6$)。

表 5-2　用工政策条件表

	1	2	3	4	5	6	7	8	9	10	11	12	13	14	15	16	17	18
C1:性别																		
C2:年龄																			
C3:文化程度																			
A1:脱产学习																			

续表

	1	2	3	4	5	6	7	8	9	10	11	12	13	14	15	16	17	18
A2：当电工																		
A3：当钳工																			
A4：当车工																			
A5：当技术员																			
A6：当材料员																			

根据表 5-1 中的值对表 5-2 中的条件进行组合标注,如表 5-3 所示。

表 5-3　用工政策条件组合表

	1	2	3	4	5	6	7	8	9	10	11	12	13	14	15	16	17	18
C1：性别	0	0	0	0	0	0	0	0	0	1	1	1	1	1	1	1	1	1
C2：年龄	0	0	0	1	1	1	2	2	2	0	0	0	1	1	1	2	2	2
C3：文化程度	0	1	2	0	1	2	0	1	2	0	1	2	0	1	2	0	1	2
A1：脱产学习																		
A2：当电工																			
A3：当钳工																			
A4：当车工																			
A5：当技术员																			
A6：当材料员																			

对每一种条件组合应执行的用工结果在对应位置标注符号"×",如表 5-4 所示。

表 5-4　用工政策初始表

	1	2	3	4	5	6	7	8	9	10	11	12	13	14	15	16	17	18
C1：性别	0	0	0	0	0	0	0	0	0	1	1	1	1	1	1	1	1	1
C2：年龄	0	0	0	1	1	1	2	2	2	0	0	0	1	1	1	2	2	2
C3：文化程度	0	1	2	0	1	2	0	1	2	0	1	2	0	1	2	0	1	2
A1：脱产学习	×									×								
A2：当电工		×									×							
A3：当钳工			×	×														
A4：当车工													×	×				
A5：当技术员						×			×						×			×
A6：当材料员							×	×								×	×	

从表 5-4 中可以看出,表中第 3 列和第 12 列的条件组合没有相应的用工结果,说明该政策遗漏了年龄未满 20 岁,但文化程度是大学的男性或女性职工这种情况的分配。根据分析结果,应通知用户对这种遗漏进行弥补,重新修改用工政策。本例中修改后的政策为:如果出现这种情况,则不论男性或女性,都分配当技术员,修改后的结果如表 5-5 所示。

表 5-5　用工政策修改表

	1	2	3	4	5	6	7	8	9	10	11	12	13	14	15	16	17	18
C1：性别	0	0	0	0	0	0	0	0	0	1	1	1	1	1	1	1	1	1
C2：年龄	0	0	0	1	1	1	2	2	2	0	0	0	1	1	1	2	2	2
C3：文化程度	0	1	2	0	1	2	0	1	2	0	1	2	0	1	2	0	1	2

	1	2	3	4	5	6	7	8	9	10	11	12	13	14	15	16	17	18
A1：脱产学习	×									×								
A2：当电工		×									×							
A3：当钳工				×	×													
A4：当车工													×	×				
A5：当技术员			×			×			×			×			×			×
A6：当材料员							×	×								×	×	

列出包括全部条件组合的修改表以后，还需要采取适当的办法对判断表进一步进行化简。化简的方法按条件进行合并，例如表 5-5 中第 1 列和第 10 列年龄和文化程度两个条件取值相同的情况下，性别的全部取值对应的结果都是 A1（脱产学习），则可以将第 1 列和第 10 列进行合并，同理，可将第 2 列和第 11 列，第 3 列和第 12 列，第 6 列和第 15 列，第 7 列和第 16 列，第 8 列和第 17 列，第 9 列和第 18 列进行上述合并。简化合并后的结果如表 5-6 所示。

表 5-6　用工政策简化表

	1/10	2/11	3/12	4	5	6/15	7/16	8/17	9/18	13	14
C1：性别	/	/	/	0	0	/	/	/	/	1	1
C2：年龄	0	0	0	1	1	1	2	2	2	1	1
C3：文化程度	0	1	2	0	1	2	0	1	2	0	1
A1：脱产学习	×										
A2：当电工		×									
A3：当钳工				×	×						
A4：当车工										×	×
A5：当技术员			×			×			×		
A6：当材料员							×	×			

例 5-5 用工政策判读表表示的最终简化结果如表 5-7 所示。

表 5-7　用工政策判断表结果

	1	2	3	4	5	6	7	8	9
C1：性别	/	/	/	0	0	/	/	1	1
C2：年龄	0	0	0	1	1	2	2	1	1
C3：文化程度	0	1	2	0	1	0	1	0	1
A1：脱产学习	×								
A2：当电工		×							
A3：当钳工				×	×				
A4：当车工								×	×
A5：当技术员			×						
A6：当材料员						×	×		

5.4.4　三种表达工具的比较分析

在对系统分析处理功能进行描述时，可以选择结构式语言、判断树和判断表中的任意一种工具，而这三种工具适合不同的场景，在很多情况下也会被交替结合使用。从不同角度对三种工具的特点总结如下：

- 从作为程序设计资料的角度看,结构式语言和判断表最好,而判断树最弱。
- 从逻辑验证的角度看,判断表最好,因为它可以通过条件组合考虑到所有可能的情况;结构式语言次之;判断树不如前两项工具。
- 从直观表达判断逻辑结构的角度看,判断树最好,因为它能够借助图形表示,便于用户理解,直观性强;结构式语言次之;判断表的直观表达能力最弱。
- 从可修改性的角度看,结构式语言的可修改性最高;判断树次之;判断表的可修改性最弱。
- 从工具掌握难易的角度看,判断树最易于被掌握;结构式语言次之;而判断表的难度最高。

5.5 软件系统分析实践案例

5.5.1 软件系统功能结构图

在第三方物流管理信息系统中,有如下功能:在入库管理子系统中,能查询剩余库存,安排存放,以及符合更新货物信息;在出库管理子系统中,能查询货物仓位,装货打包,以及复合更新货物信息;在配送管理子系统中,能进行车队信息管理与考核,订单分配与车辆分配,以及货物跟踪;在结算管理子系统中,能进行上下游客户财务结算,查询业务收支,以及查询审计业务账单;在客户管理子系统中,能对客户的基本信息进行管理,客户的信用等级进行评定,以及查询销售业绩;在订单管理子系统中,能对订单信息进行管理、查询和修改,订单信息转换、确认和打印,以及交接单信息管理;在人力资源管理子系统中,能对人力资源进行规划,人员分配、培训和考核,以及薪酬福利管理;在系统管理子系统中,能对系统进行维护和运行管理,如图 5-35 所示。

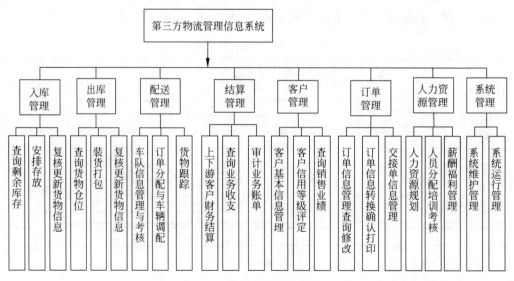

图 5-35　软件系统功能结构图

5.5.2 业务流程图

5.5.2.1 结算管理子系统业务流程图

工作人员通过结算功能得到承运人结算单,交由审计人员进行审核,确认无误后打印承运人业务账单,交由财务处向承运人付款;工作人员通过结算功能得到需缴费的客户订单列表,通知客户缴费,待客户交费成功后更新订单信息库;财务人员通过业务查询功能实时查询订单信息;审计人员实时审核订单信息,对问题订单筛选处理并及时更新订单信息库;客户通过查询功能查询该公司的相关业务种类和收费标准,如图5-36所示。

5.5.2.2 客户管理子系统业务流程介绍

客户填写基本信息登记表并成功提交后,通过信息管理功能录入客户信息库,当需要更改个人及组织信息时,提交变动申请,通过信息变动管理功能及时更新客户信息库;运营部提交客户合同明细录入客户信息库,财务部提交客户缴费情况,通过信用评定功能对客户的信誉进行评定并录入客户信息库;相关部门通过信用等级查询功能获得客户的信誉等级;运营部及时将客户信息分类归档,按工作性质和工作需求分别提交至各个部门;客户提交查询要求申请,通过查询功能获得本人或本组织的业绩统计报表,了解自身产品的销售情况,如图5-37所示。

5.5.2.3 出库管理子系统业务流程图

货物出库从仓库主管接收提货单,根据系统的库存信息,查询出对应的货物仓位信息,将货物仓位信息传输给仓管员,仓管员下发任务到运输员和卸装工,进行拣货打包和车辆安排,在货物完成出库之后,仓管员对仓库货物进行检查,复核商品信息,并进行存储,便于结算此次出货账单和下次的货物信息查询,如图5-38所示。

5.5.2.4 订单管理子系统业务流程图

运营部把收到的全部订单进行分类规整,然后把订单的信息录入到公司的信息管理系统并进行存档。如若遇到订单信息变更,运营部会及时把订单信息进行更新并重新存档,并在对订单信息进行确认无误后把新的订单信息按照顾客的需求按照一定的形式打印出来。当然,运营部还可以随时对公司的订单按照日期、客户等进行查询来获取所需信息。除此之外,运营部还负责订单向运单核交接单的转化以及对应信息的管理,把订单上的信息转换为运营部等对应交接部门需要进一步执行的计划,如图5-39所示。

5.5.2.5 人力资源管理子系统业务流程图

人事处通过招聘需求分析制定公司的招聘计划并严格执行,然后对录取人员的信息进行汇总分析以及对人员定岗定编确定录取人员的劳工合同书的具体内容。劳工合同书里应包括公司人员的薪酬管理制度和人员培训制度以及二者的详细执行情况。除此之外,人事处还负责公司人员的绩效考核以及其他人力资源规划,二者的具体流程为先制定计划书、然后实施计划、最后对计划的反馈信息进行整理和分析,如图5-40所示。

软件系统分析

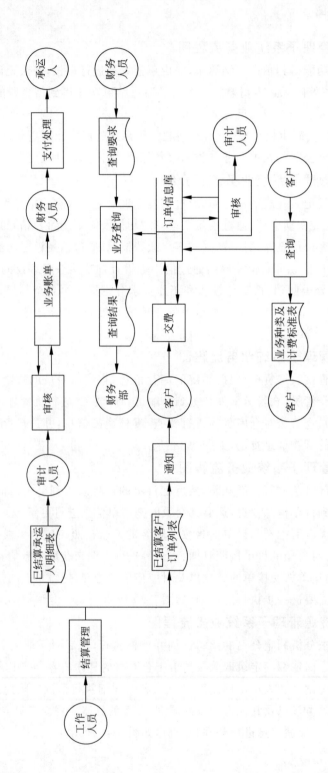

图 5-36　结算管理子系统业务流程图

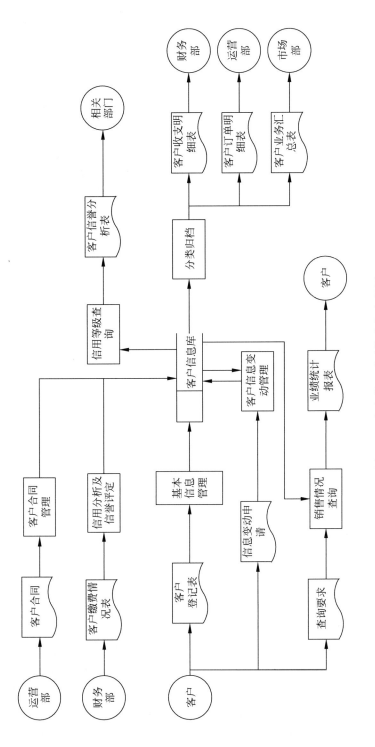

图 5-37 客户管理子系统业务流程图

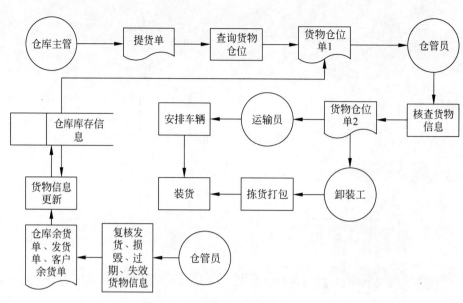

图 5-38　出库管理子系统业务流程图

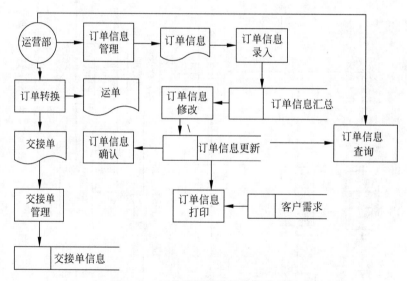

图 5-39　订单管理子系统业务流程图

5.5.2.6　配送管理子系统业务流程图

配送中心对旗下车辆有实时的信息统计并储存车辆信息(一般情况驾驶员和车辆是二对一配对的),顾客通过各类平台下单之后汇总给配送中心,配送中心开始受理业务,配送中心对订单进行始发地、目的地、重量、体积等进行统计,产生每一个订单的配送计划,由系统自动地进行车辆和线路和装车的安排;装车完毕后,进行送货单打印,同时对货物进行实时的跟踪;在货物到达目的地后,经收货方确认,凭回单向物流配送中心确认;车辆每完成一次配送就要对车辆进行一次考核,如图 5-41 所示。

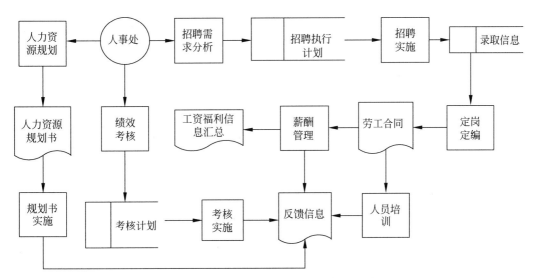

图 5-40 人力资源管理子系统业务流程图

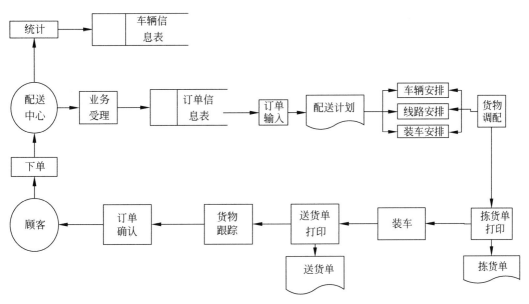

图 5-41 配送管理子系统业务流程图

5.5.2.7 信息维护子系统业务流程图

管理员填写基本信息表并且提交成功以后,系统通过识别管理员信息自动对管理员进行分类;当需要变动个人信息时,需要提交修改信息申请,通过管理员信息变动管理及时更新完善管理员信息库。管理员可以通过这样的方式改密码。管理员收集各部门提交的数据报表,提交给系统自动处理,构成系统数据库。管理员每天都要对今日数据进行筛选备份,提交筛选要求以后,系统进行数据筛选,生成备份数据库。也可以将客户需求提交,经过需求分析处理,对系统数据库进行数据挖掘得出有用的信息报表反馈给客户,如图 5-42 所示。

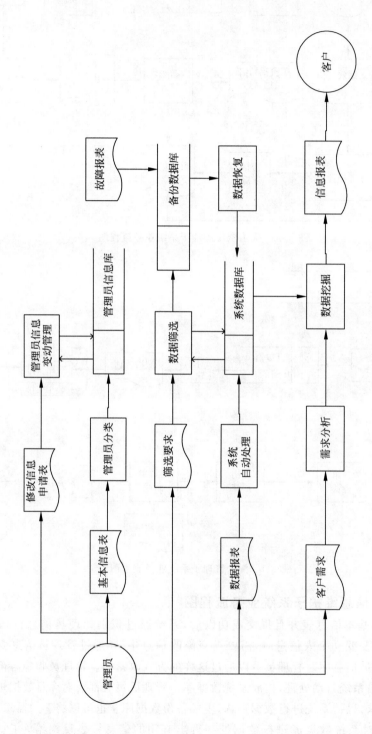

图 5-42 信息维护子系统业务流程图

5.5.3 数据流程图

5.5.3.1 高层数据流程图

在图 5-43 中仅存在 8 个外部实体,分别是工作人员、承运人、客户、财务部、运营部、市场部、运输部和信息处。其中,工作人员通过信息维护子系统和配送管理子系统与客户构成联系;工作人员通过结算管理子系统与承运人相联系;工作人员通过客户管理子系统分别与财务部和市场部构成联系;工作人员通过入库管理子系统和客户管理子系统与运营部构成联系;工作人员通过订单管理子系统和出库管理子系统与运输部构成联系;工作人员通过人力资源管理子系统与信息处相联系。

5.5.3.2 结算管理子系统数据流图

工作人员输入查询要求,通过订单结算处理得到承运人账单和客户收款信息,承运人账单经审核无误后,向承运人支付尾款;将客户收款信息传给需交费的客户,交费成功后更新订单信息库内容;财务人员输入查询要求,可以从订单信息库中调取需要查询的业务;客户输入查询要求,可以从订单信息库中查询属于自己公司产品的销售情况,如图 5-44 所示。

5.5.3.3 客户管理子系统数据流图

运营部将客户合同中有关客户信息整理并上传至客户合同管理系统,经过进一步处理后储存并更新客户信息库。财务部将客户缴费情况整理并上传,经由信用分析及信誉评定功能,将客户信誉信息上传至客户信息库。客户填写个人基本信息,并储存在客户信息库,如需修改个人信息,提交修改申请,审核通过后更新信息库。相关部门可以通过查询客户信息数据库获得客户的信用等级信息,经分类归档管理功能,财务部得到客户收支信息流,运营部得到客户订单信息流,市场部得到客户业务信息流。客户通过递交查询申请,可以获得本公司产品销售详情数据,如图 5-45 所示。

5.5.3.4 入库管理子系统数据流程图

在入库过程中,仓库主管收到客户订单后,在产品记录里查找产品,然后在客户记录里,对客户进行信贷检查,合格,则接单入库,否则拒绝并通知客户。接单入库后,生成入库单交给仓管员进行仓位处理,再生成仓位单,交给装卸工进行卸货存放。之后仓管员复合货物信息,接着进行货物的残损处理。最后进行库存处理,并同时在库存记录中更新货物信息,如图 5-46 所示。

5.5.3.5 出库管理子系统数据流图

在出库过程中,仓库主管首先接收到提货单,进行仓位查询,并将提货单传送给仓管员,仓管员进行复核查询处理得出实际货物仓位单,装卸完成之后,仓管员进行仓库货物检查,整理出发货单、损坏过期单和仓库余货单、顾客余货单,并进行数据存储,便于仓库主管的下次查询根据以上功能流程做出数据流程图(图 5-47)。

5.5.3.6 订单管理子系统数据流程图

在图 5-48 中存在 4 个外部实体,分别为运营部、信息部、运输部和客户。操作共有五项:P1:订单信息统计录入,产生原始订单信息;P2:信息修改,产生更新订单信息;P3:订单转换管理,产生交接单信息;P4:信息查询,产生目标订单信息;P5:打印订单,产生订单。其中,运营部通过 P1、P2、P3 和 P4 四项操作与信息部和运输部构成联系,运输部通过操作 P5 与客户相联系。

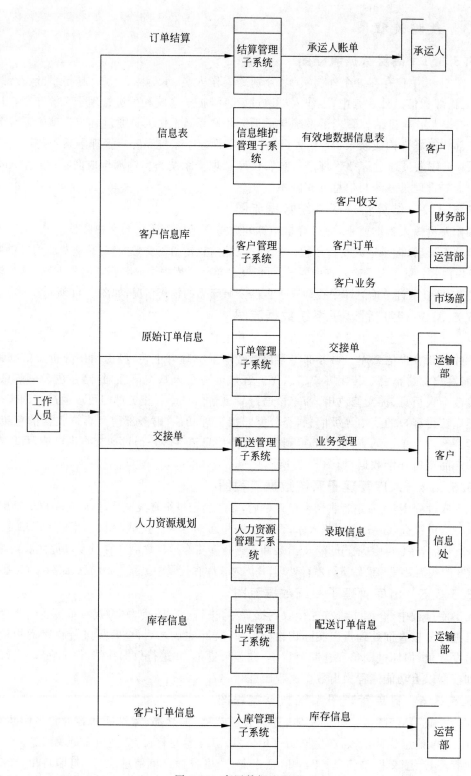

图 5-43　高层数据流程图

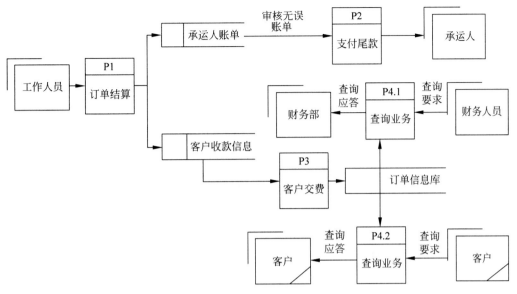

图 5-44 结算管理子系统数据流程图

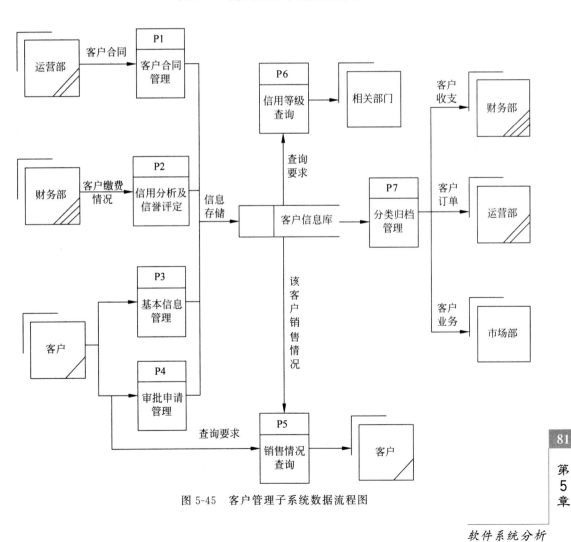

图 5-45 客户管理子系统数据流程图

82

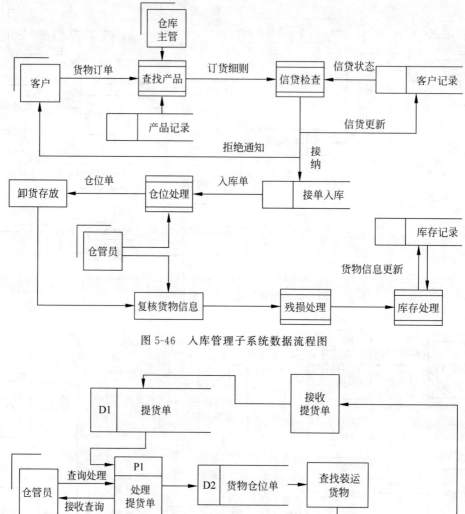

图 5-46　入库管理子系统数据流程图

图 5-47　出库管理子系统数据流程图

5.5.3.7　人力资源管理子系统数据流程图

在图 5-49 中仅存在两个外部实体,即人事处和信息处。在这两个实体间存在 9 项操作。P1:招聘需求分析,产生招聘执行计划;P2:招聘实施,产生录取信息;P3:定岗定位,

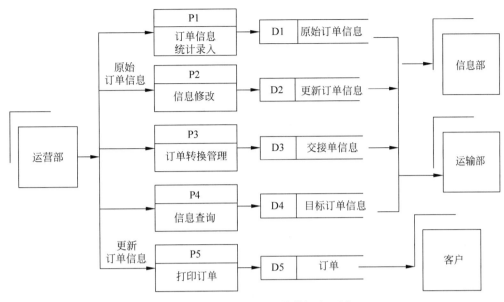

图 5-48 订单管理子系统数据流程图

产生劳工合同；P4：绩效考核，产生考核计划；P5：人力资源规划，产生人力资源规划书；P6：薪酬管理，产生薪酬福利信息；P6：薪酬管理，P7：绩效考核实施，P8：人员培训，P9：规划书实施，这 4 项共同生成反馈信息。

5.5.3.8　配送管理子系统数据流程图

在配送过程中，在顾客下单和供应商接单之后提交到配送中心，配送中心进行业务受理，开始订单汇总和订单分配，并将订单信息和配送方案存储，同时进行货物跟踪并实时提交给信息部，信息部将物流信息反馈给顾客和供应商，如图 5-50 所示。

5.5.3.9　系统维护子系统数据流程图

管理员提交数据报表给系统，系统处理分类后对数据进行存储，数据流向系统数据库；提交筛选要求，系统对数据进行筛选，生成备份数据报表，同样进行分类归档处理，最后数据备份流向备份数据库；当系统出现故障需要数据恢复时，备份数据库的数据通过数据恢复功能流向系统数据库；管理员还可以提交用户需求，进过系统评定的需求流向数据挖据功能，最后得出数据反馈表反馈给客户，如图 5-51 所示。

5.5.4　软件系统操作流程图

5.5.4.1　总系统操作流程图（用户视角）

用户在登录系统后，可以实现如下操作：在结算操作流程下，用户可以查询承运人和客户的已结算的明细表；在客户操作流程下，用户可以查询客户的信贷情况；在出入库操作流程下，用户可以查询货物订单、仓库库位、货物残损以及库存信息；在订单操作流程下，用户可以更新和查询订单信息，也可进行订单转换；在人资操作流程下，用户可以查询招聘信息，人员岗位信息，绩效考核信息，薪酬福利信息，以及人力资源规划信息；在维护操作流程下，用户可以修改密码，提交、备份数据，以及查询数据；在配送操作流程下，用户可以统计订单和车辆的信息，如图 5-52 所示。

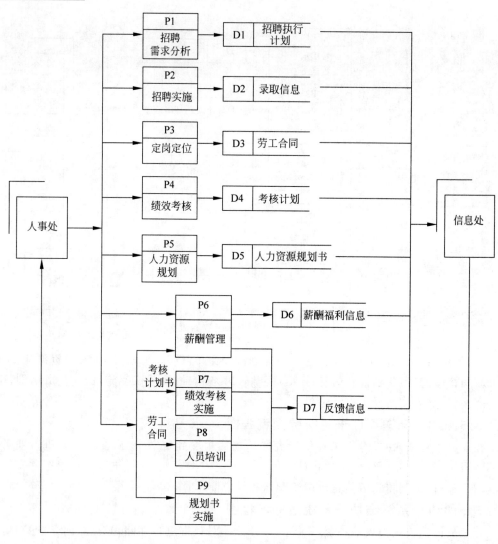

图 5-49　人力资源管理子系统数据流程图

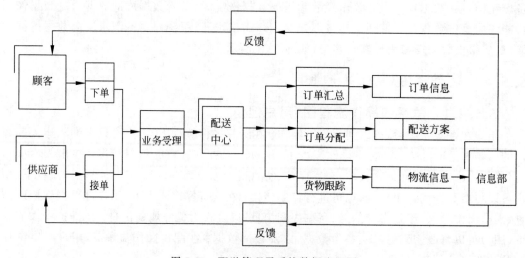

图 5-50　配送管理子系统数据流程图

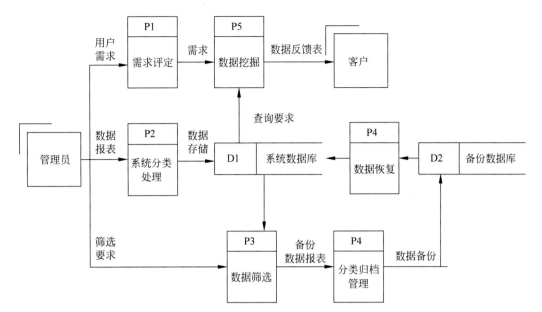

图 5-51   系统维护子系统数据流程图

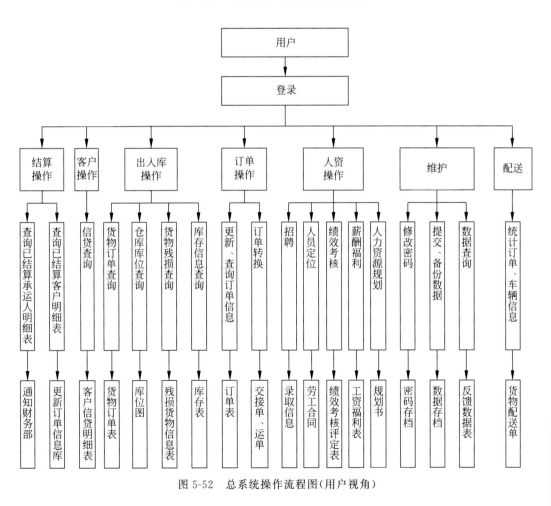

图 5-52   总系统操作流程图(用户视角)

软件系统分析

5.5.4.2　结算管理子系统操作流程图(用户视角)

　　工作人员注册账号并通过身份认证获得权限,登录成功后,可以查询已结算承运人明细表,如果存在未支付的合同,交由审计人员进行审核,确认无误后打印承运人业务账单,交由财务处向承运人付款;也可以查询已结算客户订单列表,如果存在未交费的客户,联系客户缴费,待客户交费成功后更新订单信息库,如图 5-53 所示。

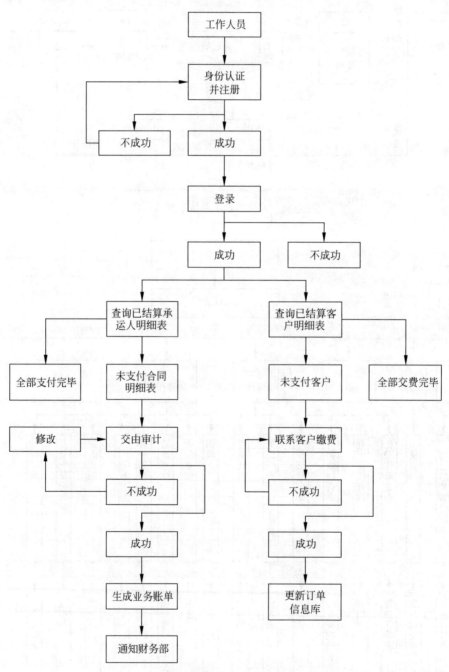

图 5-53　结算管理子系统操作流程图(用户视角)

5.5.4.3 客户管理子系统操作流程图（用户视角）

客户可以填写个人信息并注册,成功登录后,可以查询本公司商品的销售和物流情况,得到业绩报表,当需要更改个人或组织信息时,提交变动申请,成功后修改更新个人信息;工作人员可以进行注册并验证身份,获得相应权限,登录成功后,可以查询客户信用等级、收支情况、订单详情、业务详情等信息,并得到相关明细表,如图 5-54 所示。

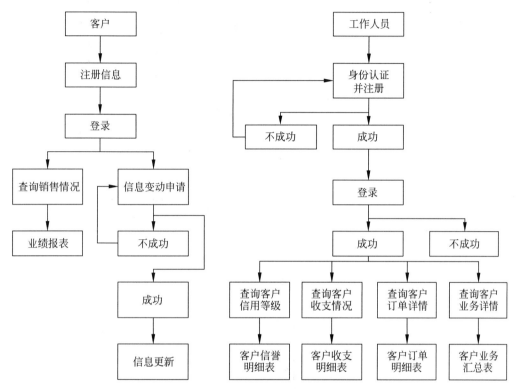

图 5-54　客户管理子系统操作流程图(用户视角)

5.5.4.4 入库管理子系统操作流程图（仓库主管视角）

仓库主管登录仓储系统,对客户的信贷进行查询,系统生成客户信贷表,若不合格,则拒绝接受订单,并同时告知客户;若合格,则接单入库。仓库主管对入库货物订单的详细信息、仓库库位剩余情况、入库过程中的货物残损情况,以及哪位员工在搬运货物的过程中对货物有残损的情况都可以进行查询,系统会生成货物订单表、库位图、残损货物信息表以及员工损坏货物信息表。仓库主管会根据员工运货的表现对员工进行相应的奖惩措施。仓库主管还可以进行所有库存信息查询,系统会生成所有订单的实际入库信息表,如图 5-55 所示。

5.5.4.5 订单管理子系统操作流程图（工作人员视角）

运营部首先登录系统,成功可进入下一步操作,不成功将返回重新登录。运营部登录成功后可进行五个子操作。一是录入信息订单,操作成功即立即生成原始订单信息库,不成功将返回重复上一步;二是修改订单信息,操作成功即生成更新后的订单信息库,不成功则返回上一步;三是查询订单信息,操作成功即生成目标订单信息,不成功则返回上一步;四是进行订单转换,成功则订单立刻转变生成运单和交接单,不成功返回上一步重新开始;五是打印订单,成功则会按照顾客要求生成订单,不成功返回上一步,如图 5-56 所示。

软件系统分析

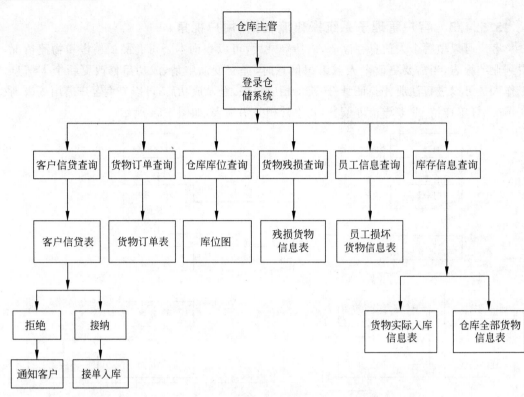

图 5-55　入库管理子系统操作流程图(仓库主管视角)

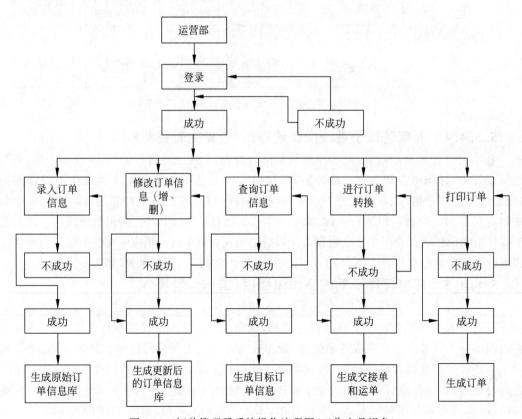

图 5-56　订单管理子系统操作流程图(工作人员视角)

5.5.4.6 人力资源管理子系统操作流程图（工作人员视角）

人事处首先登录系统,成功可进入下一步操作,不成功将返回重新登录。人事处登录成功后可进行五个子操作。一是招聘新职员,操作成功即立即生成录取信息,不成功将返回重复上一步;二是人员定岗定位,操作成功即生成劳工合同,不成功则返回上一步;三是进行工作人员的绩效考核,操作成功即生成绩效考核等级评定表,不成功则返回上一步;四是进行薪酬福利管理,成功则生成人员工资福利表,不成功返回上一步重新开始;五是进行公司的人力资源规划,成功则会生成人力资源规划书,不成功返回上一步,如图 5-57 所示。

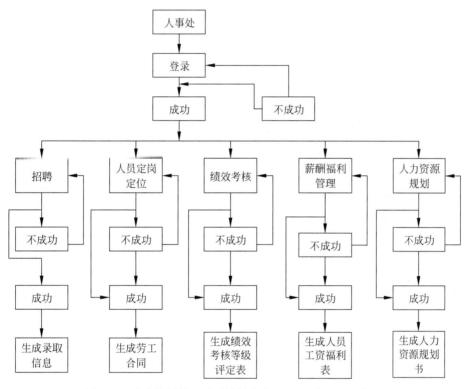

图 5-57　人力资源管理子系统操作流程图(工作人员视角)

5.5.4.7 出库管理子系统操作流程图（仓库主管视角）

出库子系统在操作方面,实现的是仓库主管在登录进入仓储系统之后,可以对来自顾客的提货单进行仓库库位查询,当仓库存货与提货单相匹配时,可以打印货物仓位单,当不匹配时,可以与顾客联系进行提货调整。同时,登录该系统后能进行货物的过期、损坏、失效等查询,进而生成货物损坏单;在进行仓库余货查询后可以得到仓库库存单;同时,可以对顾客存储在仓库中的货物继续余货查询,生成顾客余货单,便于为顾客提供下一次的提货查询,如图 5-58 所示。

5.5.4.8 配送管理子系统操作流程图（配送中心管理人员视角）

配送中心工作人员注册账号并通过身份认证获得权限,登录成功后,可以查询订单情况和车辆位置信息,订单情况包括订单的始发地、目的地、重量、承运方式等明细情况,车辆信息包括车辆的位置,是否承运,以及承运明细情况等,生成订单明细表和车辆信息明细表,然后配送中心首先根据系统自动进行订单分配,生成货物配送单,同时再由人工进行微调,如图 5-59 所示。

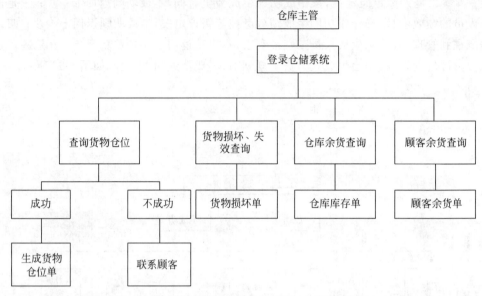

图 5-58 出库管理子系统操作流程图(仓库主管视角)

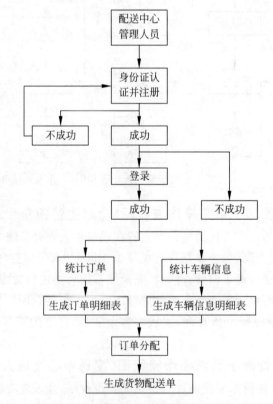

图 5-59 配送管理子系统操作流程图(配送中心管理人员视角)

5.5.4.9 系统维护子系统操作流程图(系统管理员视角)

系统管理员提交个人信息注册,全面管理员可以操作所有模块,部分管理员只能操作部分模块。成功登录系统后,每个管理员都可以进行修改密码操作,修改密码成功后系统会对新密码修改存档;管理员要对各部门提交的数据报表进行整理提交存档操作;管理员每天都要对数据进行筛选并进行备份数据存档操作,以防系统出故障数据丢失。每年还要进行数据年备份;管理员根据用户提交的需求进行数据查询,得出反馈信息可以反馈给客户,如图 5-60 所示。

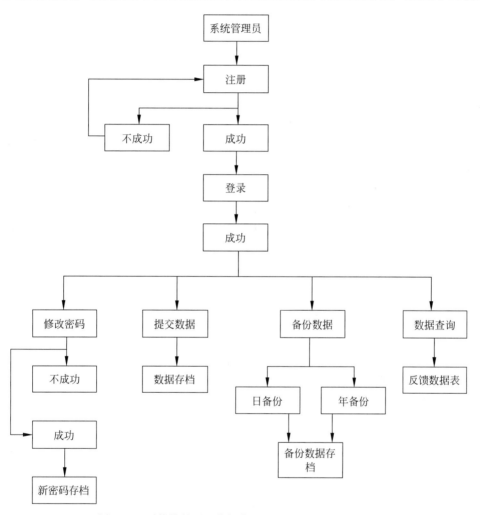

图 5-60 系统维护子系统操作流程图(系统管理员视角)

5.6 本章小结

结构化系统分析采用了业务流程图、数据流程图、数据字典、处理逻辑表达等工具,通过系统分析可以获取系统抽象的逻辑模型。软件系统分析强调业务问题方面,因而常采用业务流程图进行分析,然后采用数据流程图进行数据流程的抽取,再辅以判断树、判断表和结构式语言等进行补充分析和说明。系统分析强调系统的逻辑功能,而不是它的物理实现方法。

软件系统分析

第6章 软件工程测试

6.1 系统测试概述

测试是为了发现程序中的错误而执行程序的过程,它根据开发阶段的各种文档而设计适合的测试用例,并利用测试用例来运行程序,从而发现程序中的错误。软件测试则是对系统程序设计工作的检验,经验表明,软件测试的工作量往往占软件制作总工作量的 40% 以上,在某些特殊软件系统测试花费的成本可能相当于软件其他步骤总成本的 3~5 倍。软件测试是系统开发中的一个重要环节,这是保证系统质量和可靠性的关键。

软件系统的测试包括软件测试、硬件测试和网络测试,硬件测试和网络测试可以根据具体的性能指标来完成,而信息系统更多是对软件的测试。

1. 软件测试目的

软件测试的目的可归纳为两点,即为了发现程序中的错误而执行程序的过程;成功的测试是为了发现至今尚未发现的错误。在执行测试的过程中,应该把查出新错误的测试看作成功的测试,而没有发现错误的测试是失败的测试。但仅发现错误还不够,测试的最终目的是为了开发出高质量的完全符合用户需要的软件。

2. 软件测试原则

经验表明,"程序中尚未发现的错误的数量与该程序段已发现的错误数量成正比",因此,为了保证软件测试的有效性,在进行软件测试时应遵循如下原则:

- 确定预期输出(或结果)是测试情况必不可少的一部分。
- 程序员应避免测试自己的程序。
- 程序设计机构不应该测试自己的程序。
- 测试用例的设计和选择、预期结果的定义要有利于错误的检测。
- 要严格执行测试计划、排除测试的随意性。
- 要将软件测试贯穿于软件开发的整个过程,以便尽可能地发现错误,从而减少由于错误带来的损失。
- 软件测试不仅要检查程序是否做了应该做的事情,还要检查它是否做了不应该做的事情。

软件测试的不同阶段会发现不同类型的错误,Neson 将错误和缺陷概括为如下 7 方面:

(1) 编程时的语法错误,如保留字拼写错误、循环体不匹配、参数与变元不匹配。

(2) 程序员对语言结果误解所造成的错误。

（3）算法或逻辑上的错误。

（4）近似算法会使某些输入变量得到不精确的甚至错误的结果。

（5）由于错误的输入导致程序的错误。

（6）数据结构说明不当或实现中的缺陷所造成的错误，如过小的栈容量、栈操作上溢、栈操作的下溢。

（7）系统（或模块）说明书的缺陷所造成的错误，此类错误最为严重。

6.2　软件测试方法

软件测试的主要任务可归纳为 3 点，即预防软件发生错误，发现并改正程序错误以及提供错误诊断信息。

软件测试的方法包括动态测试和静态测试两大类。

6.2.1　动态测试方法

6.2.1.1　黑盒测试（Black-box Testing）

黑盒测试也叫作功能测试，是指已经知道产品应该具有的功能，通过测试检验是否每个功能都能正常使用。黑盒测试不考虑程序的内部结构和处理过程，只在程序接口进行测试，以检查程序功能是否按规格说明书的规定正常使用。此类测试是从外界给定输入数据，检查是否得到所期望的输出数据，无须知道模块的内部逻辑。

1. 等价类划分法

等价类划分是一种黑盒测试设计方法。如果把输入数据划分成若干个等价类（有效的或无效的），则每个类中的一个典型值在测试中的作用和这一类中所有其他值的作用是相同的。可以从每个等价类中只取一组数据作为测试数据。

（1）等价类划分的原理。

- 根据程序的输入/输出特性，将程序的输入划分为有限个等价区段。
- 对每一个输入条件存在着程序有效的有效等价类。
- 对每个输入条件存在着对程序错误输入的无效等价类。
- 从每个区段内抽取的代表性数据进行的测试等价于该区段内任何数据的测试。

（2）等价类的确定。先取出每一个输入条件，然后把每一个输入条件划分为两组或更多组，最后列出等价类表，如表 6-1 所示。

表 6-1　等价类表

外 部 条 件	有效等价类	无效等价类
$n<x<m$	(n,m)	$(-\infty,n]，[m,+\infty)$

表中确定了两种等价类，在 (n,m) 范围内的是有效等价类，其他在范围外的是无效等价类。

等价类的确定包括如下原则：

- 如果某个输入条件规定了值的范围

可确定一个有效等价类和两个无效等价类

设某实数 X 的取值范围为 $1\sim999$

则有效等价类为 $1\leqslant X\leqslant999$

无效类为 $X<1,X>999$

- 如果一个输入条件规定了值的个数

可确定一个有效等价类和两个无效等价类

设每班人数不超过 40 人

则有效等价类为 $1\leqslant$ 学生人数 $\leqslant40$

无效类为学生人数 $=0$,学生人数 >40

- 如果一个输入条件规定了输入值的集合

可确定一个有效等价类和一个无效等价类

在集合中的元素和不在集合中的元素

- 如果一个输入条件规定"必须如何"的条件

可确定一个有效等价类和一个无效等价类

例:有效等价类是字母,无效等价类不是字母

2. 边值分析法

测试实践经验表明,程序在处理边界问题时最容易发生错误,因此设计边界条件的测试用例可能会发现更多的错误。边值分析法是指利用边值条件进行的测试,这里的边值条件是稍高于或稍低于边界的状态条件。边值分析法选取的测试数据应该刚好等于、刚小于或刚大于边界值,即测试数据不应是每个等价类中的典型值或随机值。

边值分析包括如下原则:

(1) 如果输入条件规定了值的范围。

- 写出这个范围的边界测试情况。

- 写出刚刚超出范围的无效测试情况。

- 例:输入范围是 -1.0 到 1.0。

- 测试情况为 -1.0、1.0、-1.001 和 1.001。

(2) 如果输入条件规定了值的个数。

- 写出这个范围的最大个数和最小个数。

- 写出稍小于最小个数和稍大于最大个数的状态。

- 例:学生数是 $1\sim40$。

- 测试情况为 $1,0、40$ 和 41。

(3) 程序的输入或输出是个有序集。

- 测试集合的第一个元素。

- 测试最后一个元素。

边值分析法与等价类划分法的主要区别在于等价类选取的测试数据是在有效等价类或无效等价类的任意值;而边值分析法选取的测试数据则是刚好等于、刚小于或刚大于边界值。

6.2.1.2　白盒测试(White-box Testing)

白盒测试又称为逻辑覆盖测试,是指如果已经知道了产品内部工作过程,通过测试检验

来检验产品内部动作是否按照规格说明书的规定正常进行。这种测试方法按照程序内部的逻辑测试程序,检验程序中的每一条通路是否都能按预定的要求正常工作。白盒测试需要全面了解程序的内部逻辑结构,对所有逻辑路径进行测试。

白盒测试包括语句覆盖、判定覆盖、条件覆盖、判定/条件覆盖以及多重条件覆盖。在例 6-1 中,C 语言程序段分别进行 5 种覆盖。

例 6-1

```
int i, j, k, m;
if (i > 1) && (j == 0)
    m = 9;
endif
if (i == 5) || (k > 2)
    m = m + 2
endif
```

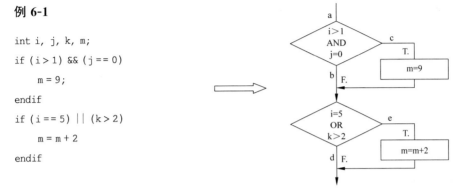

1. 语句覆盖

语句覆盖就是为了测试程序中的错误,编写足够的测试用例,使得每条语句至少执行一次,这是一种较弱的逻辑覆盖标准。

根据语句覆盖的定义,例 6-1 的程序只要执行路径 ace,就会将 m=9 和 m=m+2 两条语句都覆盖。因此,可设计测试用例为“i=2,j=0,k=3”或“i=5,j=0”,虽然这两组测试用例都能够满足语句覆盖,但第二组比第一组少使用了一个数据,则第二组用例的测试效率更高,即用更少的数据完成了相同的测试任务了。

2. 判定覆盖

判定覆盖也称为分支覆盖,是指每个判定的每个分支方向都必须至少执行一次,要在程序或子程序的每个入口点至少进入一次。

根据判定覆盖的定义,例 6-1 的程序执行路径 ace 和 abd 或执行路径 acd 和 abe 都可以满足判定覆盖。因此,可设计测试用例为

- 路径 ace 和 abd 情况
  i=2, j=0, k=3;
  i=0, k=1.
- 路径 acd 和 abe 情况
  i=2, j=0, k=1;
  i=0, k=3.

3. 条件覆盖

条件覆盖要求编写足够的测试情况,使得判定中每个条件的所有可能结果至少出现一次,即要在程序或子程序的每个入口点至少进入一次。

例 6-1 的程序共有 4 个条件,即“i>1”“j=0”“i=5”和“k>2”,根据条件覆盖的定义,需要每个条件的两种可能(真/假)至少执行一次,则本例的 4 个条件共有 8 种情况:

i>1, i≤1, j=0, j≠0, i=5, i≠5, k>2, k≤2

因此,可设计测试用例为

- i＝0，j＝0，k＝0（满足 i≤1，j＝0，i≠5，k≤2 这 4 种情况）
- i＝5，j＝2，k＝6（满足 i＞1，j≠0，i＝5，k＞2 这 4 种情况）

4. 判定/条件覆盖

判定/条件覆盖要求编写足够的测试情况，使得判定中的每个条件都取得可能的"真"值和"假"值，并使得每个判定都取得"真"和"假"两种分支。使判定中的每个条件的所有可能结果至少出现一次，每个判定本身所有可能结果也至少出现一次，同时每个入口点至少进入一次。

有时，条件覆盖和判定/条件覆盖的用例是重合的。但如上述的条件覆盖测试用例"i＝0，j＝0，k＝0"的路径为 abd，即判定分支为 F、F(假、假)；测试用例"i＝5，j＝2，k＝6"的路径 abe 为 F、T(假、真)，缺少流经入口点 c 的情况。一种简便的方法是，对该两组用例的组合顺序进行调整，可能会覆盖判定的所有分支。

- i＝0，j＝2，k＝0（满足 i≤1，j≠0，i≠5，k≤2 这 4 种情况，且路径为 abd）
- i＝5，j＝0，k＝6（满足 i＞1，j＝0，i＝5，k＞2 这 4 种情况，且路径为 ace）

5. 多重条件覆盖

多重条件覆盖也称为条件组合覆盖，要求编写足够的测试情况，使每个判定表达式中条件结果的所有可能组合至少出现一次，所有的入口点至少进入一次。

例 6-1 的程序共有 4 个条件，即"i＞1""j＝0""i＝5"和"k＞2"，根据多重条件覆盖的定义，需要每个判定框的所有条件的可能组合都执行一次。

本例第一个判定"i＞1 AND j＝0"的所有条件组合情况为：

i＞1，j＝0；

i＞1，j≠0；

i≤1，j＝0；

i≤1，j≠0.

本例第二个判定"i＝5 OR k＞2"的所有条件组合情况为：

i＝5，k＞2；

i＝5，k≤2；

i≠5，k＞2；

i≠5，k≤2.

只要设计足够多的测试用例满足上述 8 种组合，即完成了该例的多重条件覆盖。为方便设计，先对这 8 种组合进行编号，再设计测试用例：

① i＞1，j＝0；

② i＞1，j≠0；

③ i≤1，j＝0；

④ i≤1，j≠0；

⑤ i＝5，k＞2；

⑥ i＝5，k≤2；

⑦ i≠5，k＞2；

⑧ i≠5，k≤2.

- i＝5，j＝0，k＝2 满足组合 ① ⑥

- $i=5$，$j=3$，$k=5$ 满足组合② ⑤
- $i=0$，$j=0$，$k=2$ 满足组合③ ⑧
- $i=0$，$j=3$，$k=5$ 满足组合④ ⑦

6.2.2 静态测试方法

静态测试方案包括程序审查会、桌前检查和人工运行。静态测试不涉及程序的实际执行；以人工的，非形式化的方法对程序进行分析和测试；可检出大约 30%～70% 的逻辑设计错误；该方法的成本较低。

1. 程序审查会

程序审查会是由一组人员通过阅读、讨论和争议，对程序进行静态分析的过程。需要的材料包括待审程序文档、控制流程图、有关要求规范。进行程序审查会议前把要审查的程序清单和设计规范分发给小组的其他成员，请程序员讲述程序的逻辑结构，再根据常见程序错误检验单分析程序。

程序错误检验单中的项目如下：
- 数据引用错误。
- 数据说明错误。
- 计算错误。
- 比较错误。
- 控制流程错误。
- 接口错误。
- 输入/输出错误。

2. 桌前检查

桌面检查由程序员反复阅读编码和流程图，对照模块功能说明、算法、语法规定检查程序的语法错误和逻辑错误。可设计少量测试实例，由人工来模拟计算机单步执行并观察执行过程的结果。

6.3 软件测试步骤

在软件生命周期中，软件测试包括单元测试(模块测试)、集成测试、功能测试、系统测试、安装测试和验收测试等。单元测试是在每个模块开发完成后所进行的必要测试，在此阶段，模块的开发者自行进行测试，即开发人员和测试人员是同一个人。单元测试后，需要对软件系统进行一系列的综合测试，综合测试是软件生命周期中的独立阶段，它是在程序开发全部完成后进行的，综合测试由专门的测试人员完成。

1. 单元测试

单元测试主要测试模块的接口、数据结构、重要执行通路、出错处理通路以及影响这些方面的边界条件。单元测试的实施要以黑盒方法测试功能，白盒方法测试结构。测试时，需要满足：
- 至少一次测试所有的语句(语句覆盖标准)。
- 测试所有可能的执行或逻辑路径的组合。

- 测试每个模块的所有入口和出口。

2. 集成测试

单元测试完成后,将多个模块组合在一起的测试称为集成测试。集成测试的目标是发现与模块接口有关的问题,即模块间数据与控制传递。集成测试方式包括非增式测试方法和增式测试方法。非增式测试方法是先分别测试每个模块,再把所有模块按设计要求放在一起结合成要求的程序;增式测试方法是把下一个要测试的模块与已经测试完成的模块集成起来进行测试。

3. 功能测试

功能测试是在集成测试之后进行的测试任务,目的是找出程序及其外部规范之间的不一致,以进一步验证软件的有效性。这种测试主要采用黑盒测试,检查软件的功能和性能是否与用户的要求一致。功能测试时应该注意:

- 充分考虑不合理或意想不到的输入条件。
- 将预期结果的定义作为测试情况的重要部分。

测试的目的不是证明程序符合外部规范,而是尽可能多地暴露错误。

4. 系统测试

系统测试是指子系统测试完成后,把子系统组装成一个完整系统的测试。系统测试是将系统或程序与其原定目标相比较。在该测试步骤中常会发现软件设计中的错误,也可能会发现需求说明书中的错误。

5. 安装测试

安装测试由生产该系统的组织负责进行的测试,测试的任务是找出安装错误,检验系统的每一部分是否安全,所有文件是否已经产生,硬件配置是否合理,而不是测试软件错误。

6. 验收测试

验收测试是指安装测试通过后,需要运行一段时间对整个软件系统进行的测试。验收测试在用户的积极参与下进行的,一般采用黑盒测试方法,测试的目的是验证系统确实能够满足用户的需要,该阶段发现的往往是系统需求说明书中的错误。

6.4 本章小结

软件系统测试需要有一个完备的测试计划,系统测试包括模块测试、子系统测试、系统测试和用户验收测试。系统测试分为动态测试和静态测试两种类型,动态测试中的黑盒测试也称为功能型测试,包括等价类方法、边值分析法等;白盒测试也称为逻辑结构测试,包括语句覆盖、判定覆盖、条件覆盖、判定/条件覆盖以及多重条件覆盖等。测试的同时还需要进行系统调试和改正错误。

第7章 ┃ 软件工程实践工具

7.1 Visio 工具

7.1.1 Visio 概述

使用生命周期法或者面向对象的开发方法,从问题提出到系统设计过程都涉及大量的图,一般要通过工具软件来完成图的绘制工作,也就是建模过程。用于建模的软件有很多,例如 Microsoft Office Visio、IBM Rational Software Modeler 等。本书中的实例使用 Microsoft Office Visio 2003 建模,下面简单介绍 Visio 建模工具的用法。

1. 安装

Visio 是微软公司推出的在 Windows 操作系统下绘制流程图和矢量图的软件,它是 Microsoft Office 软件的一部分。但是,它不在默认的 Office 软件包里,需要单独安装。

Visio 的安装过程非常简单,双击 setup.exe,选择合适的安装路径就可以了。如果保留默认的安装路径,Visio 2003 安装完成后会出现在 Microsoft Office 菜单中,如图 7-1 所示。

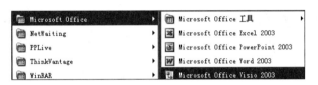

图 7-1 启动 Visio

2. Visio 2003 的主要功能

Visio 2003 提供多种制图模板,包括软件工程里常用的 Web 图表、数据库图、各种软件图、流程图、组织结构图、业务进程图和网络图等。除此之外,它还提供一些其他制图模板,包括基本框图、地图、电气工程图等。

模板是一种文件,用于打开包含创建图表所需的形状的一个或多个模具。模板还包含适用于该绘图类型的样式、设置和工具。

使用 Visio,用户可以创建信息丰富的图表,补充和扩展 Office 所做的工作;可以用图表记录信息,描述计划内容;支持用户自定义形状和模具,自定义可视解决方案。

7.1.2 使用 Visio 建模

1. 使用模板创建图

在打开 Visio 程序时,Visio 会提示用户选择制作模板和模具,其主窗口如图 7-2 所示。

打开模板后,会看到绘图环境,它包括菜单栏、工具栏、含有形状的模具、绘图页和位于绘图页右侧的任务窗格。Visio 的绘图类别包括 Web 图表、地图、电气工程、工艺工程、机械工程、建筑设计图、框图、流程图、软件、数据库、图表和图形、网络、项目日程、业务进程、组织结构图等。选择要使用的模具,左边将显示模具提供的图形符号,正中部分是绘图窗口(如图 7-3 所示),Visio 图形就在这里绘制。Visio 的菜单栏、工具栏与其他 Microsoft Office 系统程序中的菜单栏和工具栏类似。

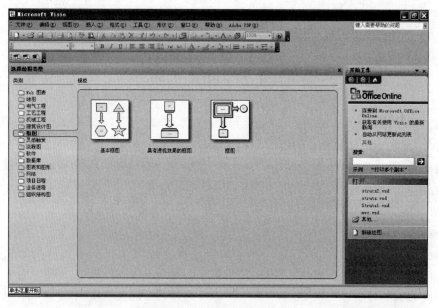

图 7-2　Visio 主窗口

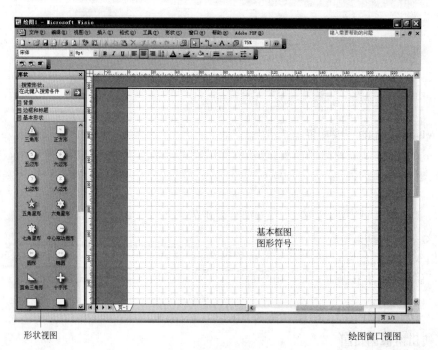

图 7-3　绘图窗口

Visio 画图采取拖曳形状(图形符号)的方式,只要将左边需要的形状拖曳到右边的绘图窗口中即可,可以调整其大小。对于拖曳到窗口中的形状,可以在内部或周边添加文字说明,解释形状在模型中的含义。将形状拖到绘图窗口中时,可以使用动态网格快速将形状与绘图页上的其他形状对齐。也可以使用绘图窗口中的网格来对齐形状。打印图表时,这两种网格都不会显示。

2. 自定义形状组合

Visio 的模板并不能覆盖全部的模型需求,除了使用模板创建图的方式以外,还可以通过自定义形状的组合来创建模型图。Visio 的每一种模板都提供了多种形状,可以根据绘图的需要进行组合。如图 7-4 所示,选择【文件】→【形状】菜单命令,在子菜单中选择具体的类型。被选择的形状将被添加到绘图窗口左侧的形状视图中。

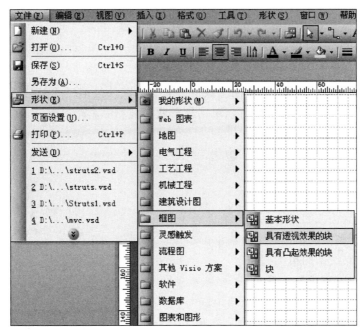

图 7-4   选择菜单命令

3. 绘图步骤

绘图前先要了解各个视图的作用。Visio 默认的视图包括绘图窗口视图、形状视图、标尺、网格、参考线和连接点。如果需要改变显示的视图,可以通过【视图】菜单的各个子菜单实现。如果想获得 Visio 的使用帮助,可以通过【帮助】菜单的各个子菜单实现。

Visio 绘图的参考步骤如下。

(1) 打开模板。单击【文件】→【新建】,然后单击【选择绘图类型】,在【选择绘图类型】窗口的【类别】下,单击【框图】,在框图模板下,单击【基本框图】,系统打开绘图窗口。

(2) 添加/删除形状。选择【形状】→【基本框图】模具,将需要的形状拖到绘图窗口中。删除形状时,选中待删除的形状,按 Delete 键。

(3) 移动形状和调整形状大小。选中需要改变的形状,将光标置于形状内部,可以移动形状的位置。可以选中形状的边线,当光标显示双向箭头符号时,可以改变形状的大小,这与使用 Office 中的其他工具画图的方式类似。也可以单击某个形状,然后按键盘上的箭头键来移动该形状。要使形状以较小的距离移动,请在按箭头键时按住 Shift 键。

（4）添加并设置文本格式。可以向形状添加文本。单击某个形状然后输入文本;Visio 会放大文本以便用户可以看到所输入的文本。单击绘图页的空白区域或按 Esc 键便可退出文本模式。双击形状,然后在文本突出显示后,按 Delete 键。

（5）使用【连接线】工具连接形状。各种图表都有连接。移动形状时,连接线会保持黏附状态。如果想获得较全的连接线的类型,选择【文件】→【形状】→【其他 Visio 方案】→【连接线】,形状视图将添加【连接线】工具,用户可以选择需要的连接线类型。

（6）设置形状格式。可以更改任何一维形状(如线条和连接线)的以下格式设置:

- 线条颜色、图案和透明度。
- 线条粗细(线条的粗细)。
- 线端类型(箭头)。
- 线端大小。
- 线端(线端是方形或圆形)。

某些模板对一维连接线使用适用于该绘图类型的默认线端样式,因此已经设置好了连接线的格式。要更改形状的线型,可以单击该形状,在【格式】菜单上,单击【线条】来更改颜色、粗细、图案或端点。

可以更改二维形状的格式设置,包括:

- 填充颜色(形状内的颜色)。
- 填充图案(形状内的图案)。
- 图案颜色(构成图案的线条的颜色)。
- 线条颜色和图案。
- 线条粗细(线条的粗细)。
- 填充透明度和线条透明度。
- 向二维形状添加阴影并控制圆角。

要更改上述设置,可以在【格式】菜单上,单击【线条】来更改线条颜色、粗细或图案。

（7）保存和打印图表。保存操作与其他 Office 工具一样,选择【文件】→【保存】。打印前,可以先进行打印预览:【文件】→【打印预览】。选择【文件】→【打印】进行打印。如果只想打印当前绘图页,可以单击【打印页面】按钮。要退出打印预览,请单击工具栏上的【关闭】按钮。

4. 创建业务流程图和数据流程图

本书对生命周期法进行建模使用了业务流程图、数据流程图和结构图,下面说明这几个图形中的形状。

（1）业务流程图中的基本符号对应的模具形状如下。

◯ 外部项:【框图】模板→【基本形状】模具中的【圆形】。

▢ 处理功能:【框图】模板→【基本形状】模具中的【矩形】。

▢ 报表单证:【业务进程】模板→【基本流程图形状】模具中的【文档】。

▭ 数据存储:【软件】模板→【Gane-Sarson】模具中的【数据存储】。

⟶ 数据流:【软件】模板→【Gane-Sarson】模具中的【数据存储】。

（2）数据流程图。在数据流程图的符号中，数据存储和数据流与业务流程图中的表示方法是一样的。数据流程图中的外部项■通过组合实现：将【框图】模板→【基本形状】模具中的【正方形】与两条连接线（设置无箭头）拖放到绘图窗口，然后同时选中正方形和两条连接线，单击鼠标右键，选择【形状】→【组合】。

同样的操作方式，处理功能可以是【框图】模板→【基本形状】模具中的一个大的【矩形】与两个小矩形的组合。

（3）结构图。结构图的绘制比较简单，一般功能模块使用【框图】模板→【基本形状】模具中的【矩形】。结构图中带有判断执行功能的模块要使用【矩形】与【业务进程】模板→【基本流程图形状】模具中的【判定】组合实现。

5．UML 模型图

绘制 UML 模型图，在【选择绘图类别】中选择【软件】→【UML 模型图】，出现绘制 UML 模型图的绘图窗口，左侧是模具，包括 UML 活动、UML 协作、UML 组件、UML 部署、UML 序列、UML 状态图、UML 静态结构和 UML 用例。选择对应的选项就可以绘制出活动图、协作图、部署图、时序图、状态图、用例图和类图等。对于个别在模具形状中找不到的图形符号，可以通过自定义组合实现。

7.1.3 示例

本节中以一个 UML 用例图为例，说明用 Visio 画图的具体操作过程。这个过程也代表了创建大多数 Visio 图表所遵循的过程。

（1）打开 Visio，选择【文件】→【新建】→【软件】→【UML 模型图】。

（2）选择【UML 用例】模具，首先将【参与者】拖放到绘图窗口。双击参与者形状，在弹出的对话框中输入参与者的名称为"读者"，并设置可见性，如图 7-5 所示。

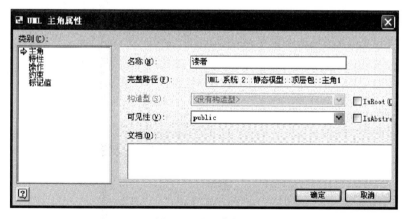

图 7-5 设置参与者

（3）将【用例】拖放到绘图窗口。双击用例形状，在弹出的对话框中输入用例的名称为"借书"，并设置可见性，如图 7-6 所示。

（4）选择【文件】→【形状】→【其他 Visio 方案】→【连接线】，打开【连接线】模具。参与者与用例之间的连接可以使用普通的连接线。

（5）将【用例】拖放到绘图窗口。双击用例形状，在弹出的对话框中输入用例的名称为

图 7-6 设置用例

"身份验证",并设置可见性。

(6)用例之间的连接要根据用例之间的关系选择不同的连接线。在本例中,"身份验证"用例是"借书"用例的包含用例,使用 include 关系的箭头指向基用例"身份验证"。Visio 2003 中没有提供 include 构造型,需要自己添加。

单击【UML】→【构造型】,在【UML 构造型】对话框(如图 7-7 所示)中,单击【新建】按钮。在【构造型】下,输入构造型(构造型是现有元素的子类,具有与该元素相同的特性与关系,但目的与可能的附加约束不同)的名称,不必添加双尖括号。在【基类】下,选择希望该构造型分类的元素类型。本例中,选择构造型名称为 include,选择基类为【归纳】,如图 7-7 所示。

图 7-7 【UML 构造型】对话框

(7)选中所有的图形,在工具栏中选择字体为宋体,字号为 9pt。完成的用例图如图 7-8 所示。

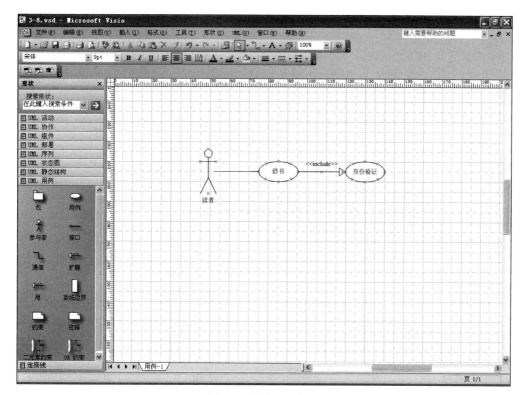

图 7-8 完成的用例图

7.2 MyEclipse

7.2.1 Tomcat 服务器

Tomcat 服务器是一个免费、开源的 Web 应用服务器。Tomcat 是 Apache 软件基金会的 Jakarta 项目中的一个核心项目。Tomcat 5 及以上版本支持最新的 Servlet 2.4 和 JSP 2.0 规范。

1. 下载和安装

Tomcat 的下载地址是 http://tomcat.apache.org,在页面上选择相应的版本进入下载页面。建议下载压缩包版本为 Core:zip。

压缩包版本 Tomcat 解压目录即为安装目录,如解压在 D:\tomcat55。建议 Tomcat 的解压路径不要含有空格。

2. 启动和关闭

要启动 Tomcat,单击安装目录下 bin 文件夹下的 startup.bat。最后一条信息将显示 "Server startup in ××××ms",如图 7-9 所示。

启动 Tomcat 后,在浏览器中输入 http://localhost:8080/,显示如图 7-10 所示的 Tomcat 欢迎页面,证明 Tomcat 运行成功。

软件工程实践工具

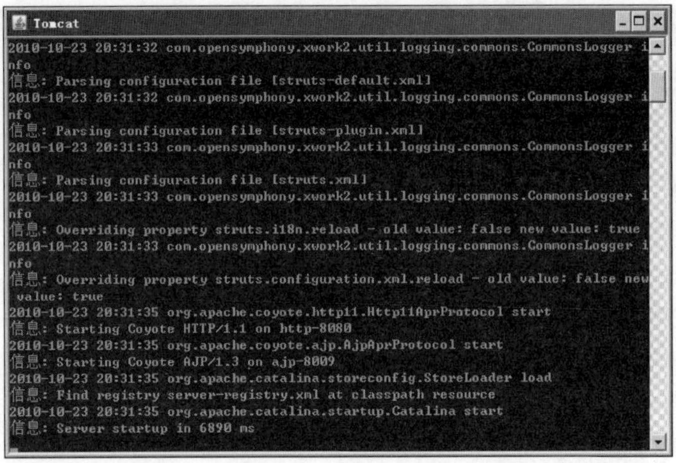

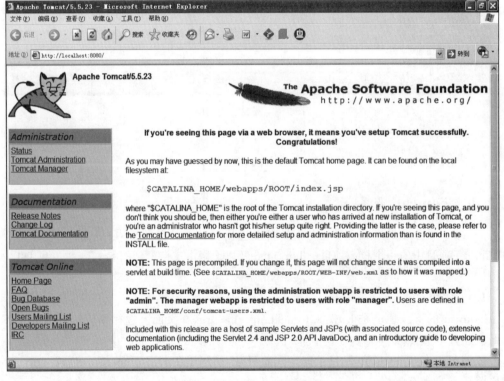

图 7-9　启动 Tomcat

图 7-10　Tomcat 欢迎页面

　　单击左侧的 Tomcat Manager 链接，在弹出的对话框中输入 admin，密码为空，进入如图 7-11 所示的 Tomcat Web 应用程序管理页面。在这里可以查看到所有的部署到该服务器上的应用程序。可以直接单击左侧的链接启动相应的应用程序。

　　要关闭 Tomcat，可以直接关闭如图 7-9 所示的窗口，或者双击安装目录下 bin 文件夹下的 shutdown.bat。

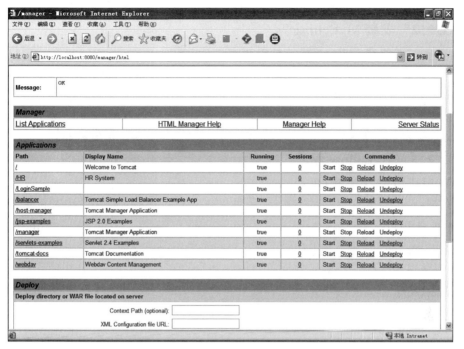

图 7-11　Tomcat Web 应用程序管理页面

3. 更改 Tomcat 监听端口

在浏览器中输入的 http://localhost:8080/中,8080 是默认的监听端口。如果要修改 Tomcat 监听端口,需要打开安装目录下的 conf/server.xml,找到下面的描述:

```
< Connector port = "8080" maxHttpHeaderSize = "8192"
            maxThreads = "150" minSpareThreads = "25" maxSpareThreads = "75"
            enableLookups = "false" redirectPort = "8443" acceptCount = "100"
            connectionTimeout = "20000" disableUploadTimeout = "true" />
```

将上面的 8080 改为需要的端口号,如 8088,那么在浏览器中输入的 URL 应该变为 http://localhost:8088/。使用同一监听端口的 Tomcat 一次只能启动一个。

7.2.2　MyEclipse 概述

7.2.2.1　MyEclipse 简介

MyEclipse 企业级工作平台(MyEclipse Enterprise Workbench,MyEclipse)是对 Eclipse IDE 的扩展,用于开发 Java、J2EE 的 Eclipse 插件集合。它是 JavaEE 的集成开发环境,集编码、调试、测试和发布功能为一体,支持 HTML、JSF、CSS、JavaScript,SQL、Struts、Hibernate、Spring 开发。

MyEclipse 最早是 Eclipse 的一个插件。Eclipse 是一个 JavaEE 的集成开发环境,它允许安装第三方插件来扩展自身的功能,需要插件在应用程序中添加框架,MyEclipse 就是其中的一种常用的插件集,MyEclipse 是收费的。不过,为了使用方便,MyEclipse 6.0 以上的 ALL IN ONE 版本集成了 Eclipse,不需要再单独安装 Eclipse。MyEclipse 6.0 以上的 ALL

IN ONE 版本也集成了 Tomcat,但也允许用户自己配置 Tomcat 服务器。

7.2.2.2 安装 MyEclipse

MyEclipse 是收费产品,下载地址是 http://www.myeclipseide.com/。在下载页面中,选择 ALL IN ONE 版本下载。下面以 MyEclipse 6.5 为例,说明 MyEclipse 的安装过程和使用方法。

安装文件:MyEclipse_6.5.0GA_E3.3.2_Installer_A.exe(测试版)。双击安装文件,选择安装路径和一些默认的设置,选择安装路径,默认其他安装选项安装即可。

7.2.2.3 MyEclipse 配置

1. 在 MyEclipse 中配置 jdk

除了 MyEclipse 6.5 自带的 jdk 外,还可以在 MyEclipse 中配置自己安装的 jdk。jdk 的下载地址是 http://www.oracle.com/technetwork/java/javase/downloads/index.html,单击 Download JDK 按钮下载最新版本就可以。本例中下载 jdk1.6。

jdk 的安装过程并不复杂,注意安装路径尽量不要含有空格。本书使用的 jdk 安装路径为 C:\Java\jdk1.6.0_21。jdk 的安装完成后要设置两个环境变量(如表 7-1 所示)。

表 7-1 环境变量

环境变量名	取 值
JAVA_HOME	C:\Java\jdk1.6.0_21
Path	添加%JAVA_HOME%\bin;

配置 JRE 的步骤如下。

(1) 在 MyEclipse 中,选择【Window】→【Preferences】,进入 MyEclipse 首选项设置。

(2) 单击左侧树状列表的【Java】→【Installed JREs】(如图 7-12 所示),可以看到系统中自带的 JRE。

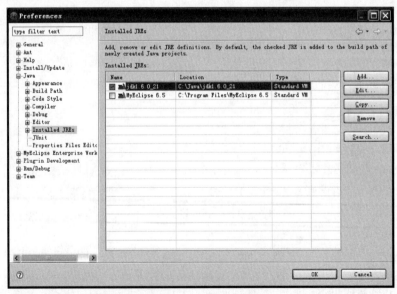

图 7-12 配置 JRE

（3）如果需要移除，选中并单击【Remove】按钮将其移除（不移除也可以）。

（4）单击【Add】按钮，弹出如图7-13所示的对话框。

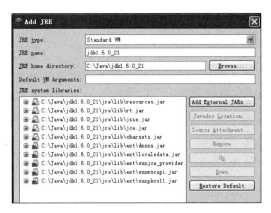

图7-13　Add JRE 对话框

（5）单击【Browse】按钮，选择安装的JRE目录：C:\Java\jdk1.6.0_21。

（6）单击【Finish】按钮，完成配置。

2. 在 MyEclipse 中配置 Tomcat

因为 MyEclipse 只提供了指定版本的 Tomcat，因此，可以自己安装需要的 Tomcat，安装方法参见上一节。配置 Tomcat 的步骤如下。

（1）在 MyEclipse 中，选择菜单项【Window】→【Preferences】，进入 MyEclipse 工作台。

（2）单击左侧的【Servers】→【Tomcat】，选择需要配置的 Tomcat 版本，如图7-14所示。

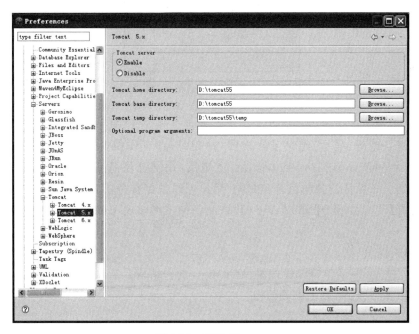

图7-14　配置 Tomcat

（3）设置 Enable(Tomcat 服务器可用)。

软件工程实践工具

（4）单击【Browse】按钮，选择 Tomcat 的安装目录。

（5）单击【Apply】按钮。

（6）单击【OK】按钮。

7.2.2.4 MyEclipse 的开发环境

1. 透视图和视图

透视图（Perspective）是界面的布局，由不同的视图和编辑器组成。根据不同的项目开发的需要，透视图由不同的视图组合完成。透视图只包含视图的引用，当选择了透视图后，此透视图会自动打开透视图中包含的视图引用。如果视图还未初始化，MyEclipse 会负责初始化此视图。一个透视图可以包含多个视图，一个视图也可以属于多个透视图。MyEclipse 所有的透视图类型如图 7-15 所示。可以通过选择【Window】→【Open Perspectives】→【Other】打开如图 7-15 所示的 MyEclipse Java Enterprise 透视图，选择合适的透视图。

图 7-15　MyEclipse 所有的透视图类型

实际上，透视图就是为用户提供了一个方便地使用 IDE 的途径，将用户项目开发需要的各种视图进行组织、显示，定义了透视图内的视图在工作窗口中的初始值和布局格式。图 7-16 是一个 MyEclipse Java Enterprise 透视图，用来开发基于 Java 技术的 Web 项目。每种透视图定义了默认的视图组合和布局，用户可以根据任务的需求添加或者删除某些视图。可以选择【Window】→【Show View】，添加新的视图。要删除视图，只要直接关闭当前视图即可。

2. 常用的视图

Package Explorer：包资源管理器，显示 Java 的包结构。

Outline：大纲视图，显示成员结构。

Hierarchy：显示类的继承关系。

Problems：显示错误和警告信息。

Console：控制台视图，显示程序的输出。

Servers：显示服务器的列表信息。

编辑器

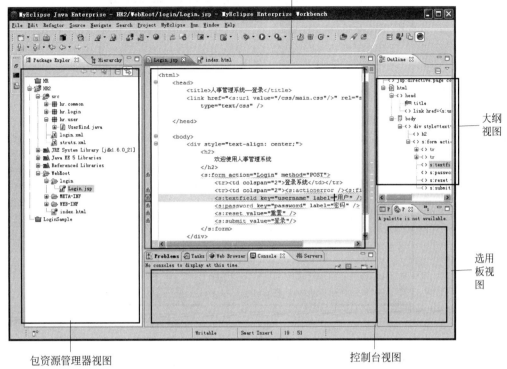

图 7-16　MyEclipse Java Enterprise 透视图

Properties：显示属性。

Preview：预览。

Palette：选用板视图，用于页面编辑，显示可供拖曳的页面元素代码片段。

3. 编辑器

在包资源管理器视图中双击要打开的文件，MyEclipse 根据设置在编辑器中打开该文件，可以在编辑器中对打开的文件(包括代码和页面)进行编辑。编辑器可以同时显示多个标签页。编辑器最左端有一个隔条，显示行号、警告、错误和断点信息。

4. 工作区

Eclipse 启动时会让用户选择工作区目录(Workspace)，如果输入的目录文件不存在，系统会自动创建它。Eclipse 可以有多个工作区，一个工作区可以包含多个项目。可以通过选择【File】→【Switch Workspace】切换工作空间。

5. 首选项

选择【Window】→【Preferences】，打开如图 7-12 所示的【Preferences】(首选项设置)窗口，在这里可以设置开发环境的行为。在该窗口中，可以设置 MyEclipse 的外观、添加 JRE、配置 Tomcat 等内容。下面介绍几个常用的功能。

显示行号如图 7-17 所示，选择【General】→【Editors】→【Text Editors】，选中【Show line numbers】。

图 7-17　显示行号

设置格式化格式：选择【Java】→【Code Style】→【Formatter】，选中【Show line numbers】。要格式化源代码，可将鼠标放置在代码中，右击，然后选择【Source】→【Format】。

选择 JDK 编译器的等级：选择【Java】→【Compiler】，如图 7-18 所示。

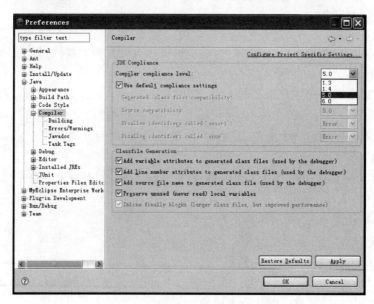

图 7-18　选择 JDK 编译器的等级

配置服务器：选择【MyEclipse Enterprise】→【Server】。

6. 导入和导出文件

MyEclipse 提供了导入和导出项目文件的功能。在菜单栏中选择【File】→【Import】,在弹出的如图 7-19 所示的对话框中选择【Existing Projects into Workspace】;然后单击【Next】按钮,在弹出的对话框中,可以选择【Select root directory】,单击【Browse】按钮,选择导入项目所在的文件夹;也可以选择【Select archive file】,单击【Browse】按钮,选择导入项目的 zip 压缩包。如果包含项目,则会显示在【Projects】对话框中,选中项目名称并单击【Finish】按钮。

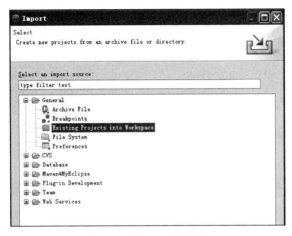

图 7-19 【Import】对话框

要导出项目,可选择【File】→【Export】,在弹出的对话框中选择【General】→【Archive File】单击【Next】按钮,在弹出的对话框中选择【To archive file】,选择要保存的文件名,然后单击【Finish】按钮完成导出工作。

7. 查找类的定义文件

选择菜单中的【Navigate】→【Open Type】,弹出【Open Type】对话框,如图 7-20 所示。输入查找的类的头几个字母,也可以使用"?"或者"∗"通配符进行模糊查找。如果类关联了源代码,还可以查看到类的源代码。

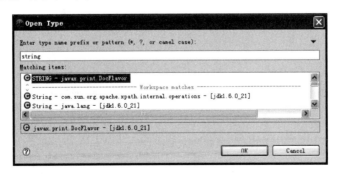

图 7-20 【Open Type】对话框

8. 生成 setter 和 getter 方法

MyEclipse 可以自动生成 JavaBean 的 setter 和 getter 方法。当在.java 文件中已经定

义好了某个变量后(如 private String a;),选择【Source】→【Generate Getters and Setters】,打开【Generate Getters and Setters】(生成 setter 和 getter)对话框,选择相应的方法即可,如图 7-21 所示。

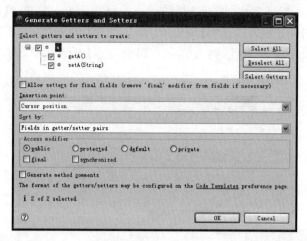

图 7-21　【Generate Getters and Setters】(生成 setter 和 getter)对话框

9. 断点和调试器

可以在编辑器的隔条上双击,出现的圆点作为断点。设置断点如图 7-22 所示。

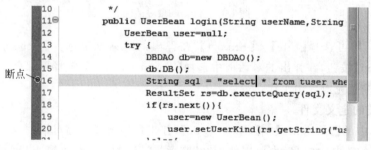

图 7-22　设置断点

单击【Run】→【Debug】,选择合适的应用程序类型,启动调试器。当调试器遇到断点就会挂起当前线程并自动进入【Debug】(调试)透视图(如图 7-23 所示)。【Debug】透视图会显示如下视图。

(1) Debug 视图:显示所有运行中的线程以及正在执行代码所在的位置。

(2) Variable 视图:显示当前线程所执行的方法以及类中变量的值。

(3) BreakPoints 视图:显示设置的断点的位置。

(4) Expressions 视图:显示运行时表达式的值,对某个变量设置值,可以添加需要观察的表达式。

除了上面的视图外,还有几个常用的图标:继续执行;终止运行;单步跳入,进入设置断点代码片断;单步运行,跳过设置断点代码片断;单步返回。

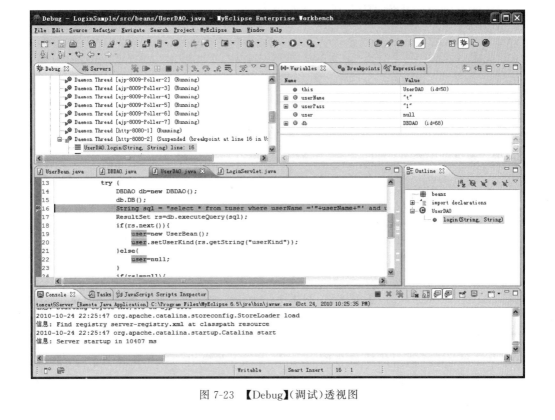

图 7-23 【Debug】(调试)透视图

7.2.3 使用 MyEclipse 开发应用程序

7.2.3.1 MyEclipse 下动态 Web 项目的目录结构

workspace：工作空间。

workspace/. metadata：保存所有的设置信息。

workspace/项目名/src：文件源代码。

workspace/项目名/WebRoot：Web 公用目录。

workspace/项目名/WebRoot/WEB-INF/web. xml：Web 部署描述符。

workspace/项目名/WebRoot/WEB-INF/classes：编译后的 Java 类文件。

workspace/项目名/WebRoot/WEB-INF/lib：Java 类库文件(＊.jar)。

workspace/项目名/WebRoot/META-INF：描述程序属性配置信息。

7.2.3.2 开发 JSP ＋ Servlet ＋ Javabean 项目

这里使用 7.2.3 节中的 J2EE 实例,说明 MyEclipse 下动态 Web 项目的开发过程和方法。

1. 创建新的 Project

选择【File】→【New】→【Web Project】。在弹出的如图 7-24 所示的对话框中,在【Project Name】栏中输入"Sample",在【J2EE Specification Level】下选择【Java EE 5.0】(Tomcat 5 以后的版本可以选择 Java EE 5.0),其他项采用默认设置,单击【Finish】按钮,完成 Web 项目的创建。创建后的 Web 目录如图 7-25 所示。

116

图 7-24　【New Web Project】(创建新的 Web 项目)对话框　　　　图 7-25　Web 目录

2. 创建登录页面 Login. jsp

选中包资源管理器中的项目名称 Sample，右击，在弹出的菜单中选择【New】→【JSP (Advanced Templates)】，弹出的对话框如图 7-26 所示。在该对话框中输入 JSP 文件的名称：Login. jsp。注意 File Path 所指定的访问路径。

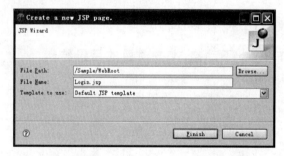

图 7-26　【Create a new JSP page.】对话框

3. 设置启动页面

创建好的项目默认有一个 index. jsp 作为系统的启动页面，可以将这个页面作为启动页面，也可以新建一个 HTML 或者 JSP 页面作为启动页面，但是需要修改 web. xml 文件，将欢迎页面设置为指定的启动页面。既可以用文本编辑工具直接打开 web. xml 文件修改；也可以在 MyEclipse 中双击包资源管理器中的 web. xml，在编辑器中打开修改。注意：编辑器的左下方会出现【Source】和【Design】两个标签。

```
<welcome-file-list>
  <welcome-file>Login.jsp</welcome-file>
</welcome-file-list>
```

4. 为 Login.jsp 添加元素

双击包资源管理器中的 Login.jsp，Login.jsp 在编辑器中打开。编辑器的左下方会出现【Design】和【Preview】两个标签。【Design】用来制作，【Preview】用来预览页面制作效果。Login.jsp 页面中的元素至少包括以下内容。

(1) 两行文本提示，分别用来提示用户输入用户名和密码。

(2) 分别与两行文本对应的输入框。

(3) 提交按钮。

(4) 在页面上还需要添加一个表单，文本提示、输入用户名和密码的文本框和提交按钮要添加在表单内部。

页面元素可以直接写在 HTML 代码里，也可以通过选用板视图进行添加，如图 7-27 所示。可以将鼠标直接放置在 HTML 中合适的位置，选择选用板视图中的元素并单击，在弹出的对话框中选择相应的 HTML 元素的属性设置，单击【Finish】按钮后，对应的 HTML 元素会自动插入在鼠标所在的位置。在【Preview】标签下，可以查看到页面上添加了相应的元素。注意：如果在页面上显示中文的字符，则要将页面 page 指令的 pageEncoding 属性设置为支持中文字符编码的格式，如 GB2312：

```
<%@ page language = "java" pageEncoding = "GB2312" %>
```

Login.jsp 页面设计效果如图 7-28 所示。

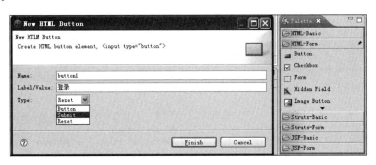

图 7-27　使用选用板视图添加提交按钮

图 7-28　Login.jsp 页面设计效果

软件工程实践工具

5. 创建 Servlet

选中包资源管理器中的项目名称 Sample,右击,在弹出的菜单中选择【New】→【Servlet】,弹出的对话框如图 7-29 所示。在该对话框中输入 Servlet 文件的名称 LoginServlet 和 Servlet 所在的包名 servlets(不建议采用默认包)。注意 Servlet 继承的方法。

图 7-29 【Create a new Servlet.】(创建一个新 Servlet)对话框

单击【Next】按钮,弹出的对话框如图 7-30 所示,在该对话框中可以指定 Servlet 的 URL 映射。注意,这个 URL 映射可以自定义成任何可接受的形式,如"/login. x"。不过,这里的 URL 映射要和 web. xml 文件中的设置相对应。如果设置成"/login. x",那么 web. xml 对 Servlet 的配置要设置为:

```
< servlet - mapping >
  < servlet - name > SampleServlet </servlet - name >
  < url - pattern >/login. x </url - pattern >
</servlet - mapping >
```

访问这个 Servlet 要用/login. x 的形式。

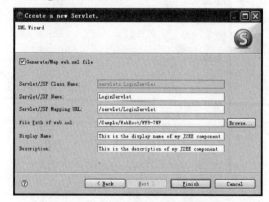

图 7-30 指定 Servlet 的 URL 映射

单击【Finish】按钮，LoginServlet.java 将出现在 src 文件夹下的 servlets 包中。双击包资源管理器中的 LoginServlet.java，编辑器中自动打开 LoginServlet 的代码编辑页。创建好的 LoginServlet 有一些自动生成的代码，可以根据程序的需要保留或者删除。当 Servlet 作为控制器使用时，使用 JSP 输出页面，不使用 PrintWriter，因此，对应的代码可以删除。在 .java 文件中书写代码时，可以通过自动获取的方式，也就是在对象后面先写出半角的 . 字符，对象的方法和属性将自动出现在悬浮的对话框（Hoverbox）中。自动获取属性和方法如图 7-31 所示。

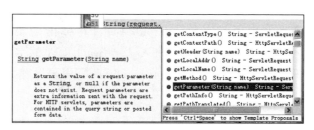

图 7-31　自动获取属性和方法

6. 创建 UserBean

选中包资源管理器中的项目名称 Sample，右击，在弹出的菜单中选择【New】→【Class】，弹出的对话框如图 7-32 所示。在该对话框中输入 JavaBean 文件的名称 UserBean 和 UserBean 所在的包名 beans（不建议采用默认包，系统将自动创建指定包）。注意默认创建的方法。

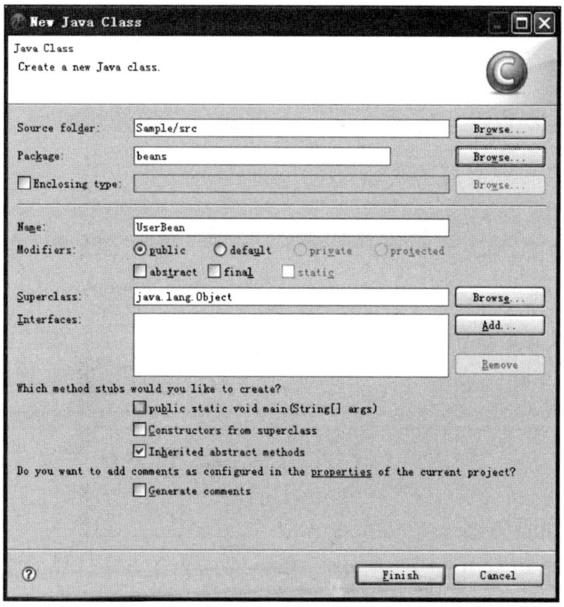

图 7-32　创建 UserBean

单击【Finish】按钮，UserBean.java 将出现在 src 文件夹下的 beans 包中。双击包资源管理器中的 UserBean.java，编辑器中自动打开 UserBean 的代码编辑页。创建好的 UserBean 也有一些自动生成的代码。UserBean 用来封装数据库的对象。

软件工程实践工具

UserBean 中首先定义对应数据库表字段中的变量：

```
public String userName = "";
public String userPass = "";
public String userKind = "";
```

然后选择【Source】→【Generate Getters and Setters】，打开生成 setter 和 getter 对话框，自动将属性的 get 和 set 方法添加到 UserBean 的代码中。

7. 创建 DBDAO

选中包资源管理器中的项目名称 Sample，右击，在弹出的菜单中选择【New】→【Class】，与创建 UserBean 的方法相同，输入 JavaBean 文件的名称 DBDAO 并单击【Browse】按钮，选择 DBDAO 所在的包名 beans。DBDAO 用来设置数据库的连接和执行方法。

8. 创建 UserDAO

选中包资源管理器中的项目名称 Sample，右击，在弹出的菜单中选择【New】→【Class】，与创建 UserBean 的方法相同，输入 JavaBean 文件的名称 UserDAO 并单击【Browse】按钮，选择 UserDAO 所在的包名 beans。UserDAO 用来执行与具体的用户表相关的数据操作。

9. 创建 admin.jsp

选中包资源管理器中的项目名称 Sample，右击，在弹出的菜单中选择【New】→【JSP(Advanced Templates)】，在弹出的对话框（如图 7-33 所示）中输入 JSP 文件的名称：admin.jsp。在新建的 JSP 页面上输入文字：管理员登录。然后修改 index.jsp，在页面上输入文字：普通用户登录。

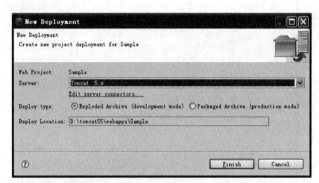

图 7-33 【New Deployment】对话框

10. 将项目部署到服务器上

创建好项目的各个组件和配置文件后，要先将项目部署到 Web 服务器上。选择工具栏中的 图标，打开如图 7-34 所示的对话框，在【Project】下拉列表中选择"Sample"，单击【Add】按钮，选择服务器。

11. 启动服务器，运行程序

单击工具栏中的"Run/Stop/Restart MyEclipse Server"图标，在子菜单中选择【Tomcat 5.x】→【Start】，如图 7-35 所示，启动 Tomcat 服务器。

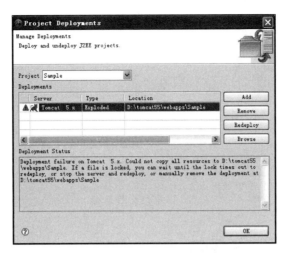

图 7-34　【Project Deployments】(部署项目)对话框

　　启动浏览器,在地址栏中输入"http://localhost:8080/Sample/",运行应用程序,如图 7-36 所示。

图 7-35　启动 Tomcat 服务器　　　　　　图 7-36　运行应用程序

7.2.3.3　开发 Struts1.x 项目

　　创建 Struts1.x 项目与创建 JSP + Servlet + Javabean 项目的过程和方法基本上是一致的,不同的是需要添加对 Struts1.x 的支持和创建组件时需要按照 Struts1.x 框架的要求创建相应的组件。

　　(1) 创建 Web Project 为 StrutsPrj。

　　(2) 加入 Struts 功能。选中包资源管理器中的"StrutsPrj"并右击。如图 7-37 所示,在弹出的菜单中选择【MyEclipse】→【Add Struts Capabilities】,弹出的对话框如图 7-38 所示。在该对话框中可指定 Struts 配置文件的存放位置、Struts 的版本、Struts 核心 Servlet 的名字、交给 Struts 控制的 URL 类型、生成类的默认包以及默认的国际化资源文件包。选中【Install Struts TLDs】表示安装 Struts 标签库。加入 Struts 功能后的项目目录如图 7-39 所示。

图 7-37　加入 Struts 功能

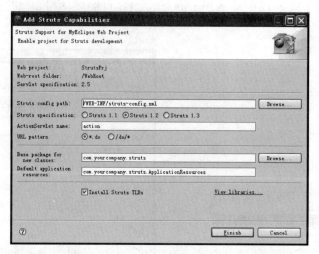

图 7-38　【Add Struts Capabilities】(加入 Struts 功能)对话框

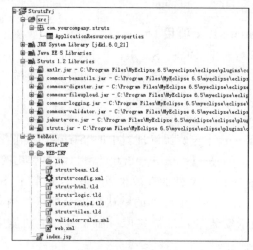

图 7-39　加入 Struts 功能后的项目目录

（3）创建 Struts 组件和写配置文件。选中包资源管理器中的 StrutsPrj 并右击,在弹出的菜单中选择【New】→【Other】,在弹出的对话框中选择【MyEclipse】→【Web Struts】,选择正确的 Struts 版本,打开如图 7-40 所示的对话框。在该对话框中选择需要创建的 Struts 组件。

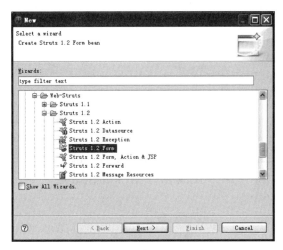

图 7-40　创建 Struts 组件

（4）创建 JavaBean 组件。普通的 JavaBean 组件的创建与 JSP ＋ Servlet ＋ Javabean 项目过程是一样的。

（5）发布、运行程序。

7.2.3.4　开发 Struts2 项目

创建 Struts2.x 项目与创建 JSP ＋ Servlet ＋ Javabean 项目的过程和方法基本上是一致的,大致要经过如下过程。

（1）创建 Web Project 为 Struts2Prj。

（2）添加 Struts2 功能。因为 MyEclipse 6.5 目前并不自动支持 Struts2,所以需要到 struts.apache.org 去下载 Struts2 安装包。Struts2 包中的 jar 文件很多,一般应用都至少需要添加下列 jar 包(其中 x 代表实际的版本编号):

① struts2-core-2.x.x.jar。

② xwork-core-2.x.x.jar。

③ commons-io-1.x.x.jar。

④ commons-fileupload-1.x.x.jar。

⑤ struts2-dojo-plugin-2.x.x.jar。

⑥ ognl-3.x.jar。

添加 Struts2 功能 jar 包的过程非常简单,在包资源管理器中选择 Struts2Prj 并右击,在弹出的菜单中选择【Build Path】→【Configure Build Path】,打开的对话框如图 7-41 所示。选中【Libraries】标签,单击【Add External JARs】按钮,在弹出的对话框中选择需要添加的 jar 文件,单击【打开】按钮,回到如图 7-41 所示的对话框,添加的 jar 文件显示在"JARs and class folders on the build path:"框内。单击【OK】按钮,添加的 jar 文件显示在 Struts2Prj

项目目录的 Referenced Libraries 子目录下,如图 7-42 所示。

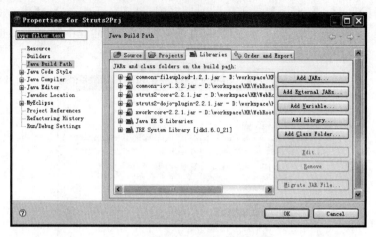

图 7-41 【Java Build Path】对话框

图 7-42 Struts2 项目目录

(3) 配置过滤器。

(4) 选择 Struts2Prj 并右击,在弹出的菜单中选择【New】→【XML(Advanced Templates)】,创建配置文件 struts. xml。

(5) 创建 Struts2 组件并在配置文件中进行配置,Struts2 的 Action 一般要继承于 com. opensymphony. xwork2. ActionSupport。

(6) 创建其他组件。

(7) 发布、运行程序。

7.3 Rational Application Developer

7.3.1 WAS 服务器

1. 概述

IBM WAS(IBM WebSphere Application Server)是主流的 Web 应用服务器之一,是 IBM WebSphere 软件平台的基础和面向服务的体系结构的关键构件。WAS 提供了一个丰富的应用程序部署环境,用于构建、重用、运行、集成和管理面向服务架构(SOA)应用程序与服务,提高业务敏捷性。IBM WAS 是一个支持 Java 业务程序的服务器平台,提供了遵循

J2EE 规范应用的服务器环境,并为可与数据库交互并提供动态 Web 内容的 Java 组件、XML 和 Web 服务提供了可移植的 Web 部署平台。

2. 下载和安装

IBM WAS 试用版的下载地址是:http://www-142.ibm.com/software/products/cn/zh/appserv-was。WAS 单独安装过程并不复杂,设置好安装目录、用户名和密码后,其他项选择默认的设置即可。RAD 的安装会自带 WAS6 服务器,因此如果使用 RAD 开发应用程序,也可以选择不单独安装。

3. WAS 应用程序管理

可以通过 Http://localhost:9060/ibm/console 进入 WAS 的控制台。用户需要输入一个标志,但不需要密码。并且标志不一定是本地用户注册表中的用户标志。它仅用于跟踪对配置数据所进行的更改。使用 WAS 的控制台可以安装应用程序(EAR 文件)或模块(JAR 或 WAR 文件)。

用户登录后可以进入管理界面,从左侧导航条选择【应用程序】→【安装新的应用程序】。用户可以对服务器和应用程序等做出相应的配置。

可以选定要发布的企业应用程序,进而根据向导对整个应用程序进行设置并发布。在左侧导航条选择【企业应用程序】后,向导会在右侧显示将发布在此服务器上的所有应用程序。如果想更改某一项的设置,可以直接单击应用程序名,更改相应配置的参数并将其保存,系统会自动使其生效。

选择【服务器】→【应用程序服务器】,右侧界面把本机上的所有服务选项列举出来,单击某个选项,向导将会打开该服务器选项的配置,用户可以根据需要更改相应的配置参数,保存后自动生效。

7.3.2 Rational Application Developer 概述

7.3.2.1 概述

Rational Application Developer(RAD)是 IBM WebSphere Studio Application Developer 的替代产品。它是 IBM 开发的基于 Eclipse 3.0 平台的 Rational 产品家族中的一员,是一个全功能的、适用于 J2EE 和 J2SE 的应用开发平台,是一个开放、可移植、通用的工具平台,是一个面向开发、测试、调试和部署的集成开发环境。

熟悉 Eclipse 的用户对 RAD 应该不会感到陌生,RAD 基于 Eclipse 3.0 平台,在基本视图结构和透视图的布局等方面与 Eclipse 很相似。并且 RAD 提供了中文版本,可以方便地根据菜单的选项执行相应的功能。与 Eclipse 相比,RAD 提供了全面的静态代码可视化工具并能够支持多个提供商运行时的环境,但它对 WebSphere 软件的支持最好。RAD 允许与 Rational Software Modeler 和 Rational Software Architect 集成。

本节以 RAD 6.0 为例说明 RAD 的使用方法。

7.3.2.2 下载和安装

RAD 是收费的产品,其试用版下载地址是:

http://www-142.ibm.com/software/products/cn/zh/application? seltab=%23R-S

RAD 的安装过程与 MyEclipe 类似,双击安装文件,设置安装目录,其他项选择默认设置即可。

RAD 6.0 安装完成后,自带了 WAS 6.0 服务器。

7.3.2.3 RAD 环境设置

1. 首选项

安装 RAD 6.0 以后,工作台的默认配置已经自动构建完毕,用户可以根据自己的需要再重新配置工作台的首选项。从菜单中选择【窗口】→【首选项】,打开【首选项】对话框(如图 7-43 所示)。RAD 中的【首选项】对话框类似于 MyEclipse 中的【Preferences】对话框,可以设置的基本内容与 Eclipse 差不多。7.3.2.2 节描述的 MyEclipse 配置内容,在这里都有对应的操作。

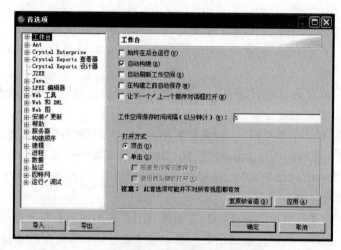

图 7-43 【首选项】对话框

在【首选项】对话框中,可以设置【自动构建】功能,配置编辑器参数,选择 Java 的 JDK 版本、代码的格式化样本、配置服务器等功能。由于中文显示,大部分的参数设置都更容易一些。下面介绍几个常用的功能。

(1) 工作台——自动构建。选择工作台参数选择单元且按下 F1 键,帮助系统就会为用户显示出工作台参数选择单元所对应的帮助信息。【自动构建】选项在默认情况下是被选中的,无论资源是否被修正,工作台都会自动地执行新增选项的编译功能。

(2) 工作台保存时间间隔。表示经过多长时间将工作台的状态自动保存到磁盘上。

(3) 配置 JRE。与 MyEclipse 类似,选择【首选项】对话框中的【Java】→【已安装的 JRE】,在弹出的对话框中,最右侧的按钮提供了添加、删除、编辑 JRE 的功能。例如,单击【添加】按钮,在弹出的如图 7-44 所示的对话框中选择 JRE 的路径,给出 JRE 的名称,单击【确定】按钮,新添加的 JRE 将显示在【首选项】对话框中【已安装的 JRE】对应的框内。

(4) 配置服务器。选择【首选项】对话框中的【Java】→【服务器】,可以进行与服务器相关的一些设置。如果不使用自带安装的 WAS 6.0,可以自己配置服务器。RAD 6.0 也可以使用 Tomcat 服务器,设置方法是选择【服务器】下面的【已安装运行时】,单击【添加】按钮,在弹出的如图 7-45 所示的对话框中选择 Apache 文件夹,选择合适的 Tomcat 版本,单击【下一步】按钮,选择 Tomcat 的安装目录和合适的 JRE,如图 7-46 所示。

单击【完成】按钮,选择【首选项】对话框的【Java】→【服务器】→【已安装运行时】将会查看到新配置的服务器。

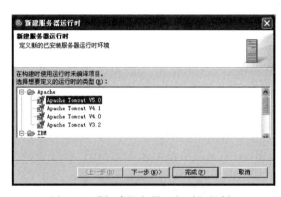

图 7-44　【添加 JRE】对话框

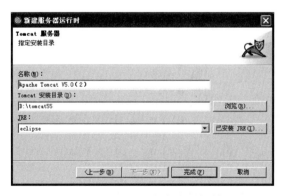

图 7-45　【新建服务器运行时】对话框

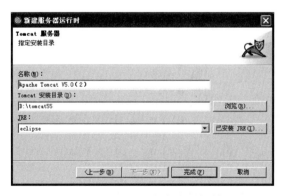

图 7-46　【Tomcat 服务器】对话框

（5）配置 Java 编辑器。在【首选项】对话框的【Java】对应的【编辑器】【代码样式】中，可以像在 MyEclipse 中一样设置编辑器的代码辅助和代码格式。

（6）工作区。首次启动 RAD 应用程序时，系统将提示用户选择一个工作区（Workspace）。如果不小心关闭了启动对话框，可以单击【首选项】对话框的【启动和关闭】，选中【启动时提示工作空间】复选框（如图 7-47 所示），单击【确定】按钮。进入一个工作区后,也可以通过【文件】→【切换工作空间】切换到另外的工作区。

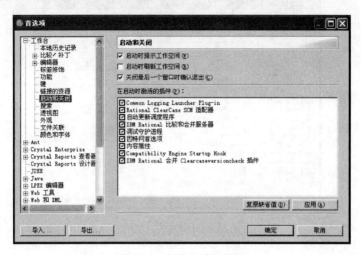

图 7-47　启动和关闭设置

2. 透视图

RAD 中包含多种透视图(Perspective)。透视图由视图和编辑器组成,为用户使用 RAD 提供了一个方便的途径,与 MyEclipse 中透视图的概念是一样的,但是透视图的种类和对应视图的组成有些差别。用户可以根据任务的需求定制不同的透视图,每个透视图都定义了透视图内的视图在工作台窗口中的初始值和布局格式。选择菜单中的【窗口】→【打开透视图】查看或者打开 RAD 6.0 为项目定义的透视图,如图 7-48 所示。

图 7-48　RAD 6.0 为项目定义的透视图

RAD 6.0 中比较常用的 Web 透视图布局如图 7-49 所示。

3. 视图

选择菜单中的【窗口】→【显示视图】查看或者打开 RAD 6.0 中的视图,如图 7-50 所示。用户可以通过拖曳视图来调整视图的位置和大小等信息。视图可以单独存在,也可以和其他视图共同存在于工作台中。透视图中都有默认的视图和编辑器,可以根据需要添加或者删除视图。

4. 编辑器

在图 7-49 中可以看到,RAD 6.0 和 MyEclipse 的编辑器类似,是源代码与页面的编辑环境。与 MyEclipse 类似,RAD 6.0 提供对页面的预览功能,制作页面时,可以通过选用板

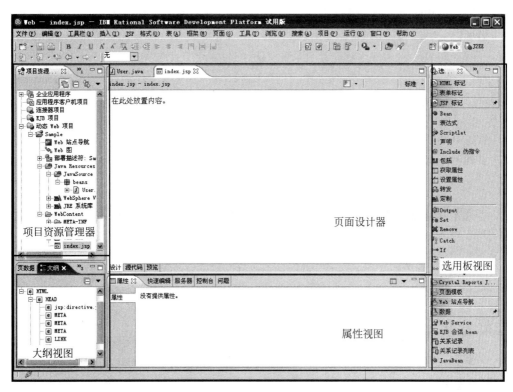

图 7-49　RAD 6.0 中比较常用的 Web 透视图布局

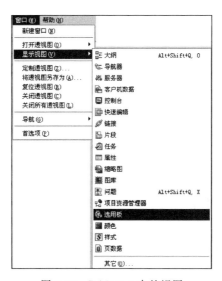

图 7-50　RAD 6.0 中的视图

视图提供的页面元素,直接将页面元素拖放到页面上。

5. 导入和导出文件

RAD 6.0 也提供了导入和导出文件的功能。导入文件的操作方法是选择菜单中的【文件】→【导入】,在弹出的对话框中选择【文件系统】,打开【导入】对话框,如图 7-51 所示。单击【浏览】按钮,在磁盘上选择需要导入的文件的位置,选中【覆盖现有资源而不做警告】复选框,并单击【至文件夹】后面的【浏览】按钮,选择导入文件的存放位置。设置好后单击【完成】按钮,可以看到对应的文件出现在工作空间对应的目录下。

导出文件的操作方法是,选择菜单中的【文件】→【导出】,在弹出的对话框中选择【文件系统】,打开【导出】对话框,选择导出的文件和导出的位置。

6. 调试透视图

RAD 中也提供了调试程序的调试透视图,其布局和视图结构与 MyEclipse 6.5 基本相同,这里就不重复说明了,具体内容请参考 7.3.2 节有关 MyEclipse 6.5 的调试透视图的内容。

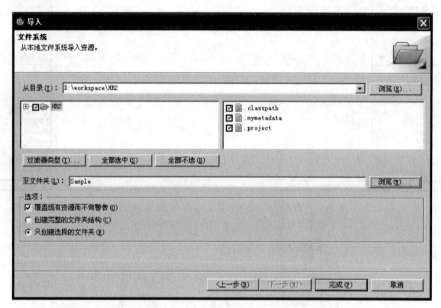

图 7-51 【导入】对话框

7.3.3 使用 RAD 开发应用程序

7.3.3.1 动态 Web 项目的目录结构

workspace:工作空间。

workspace/.metadata:保存所有的设置信息。

workspace/项目名/JavaSource:文件源代码。

workspace/项目名/WebRoot:Web 公用目录。

workspace/项目名/WebContent/WEB-INF/web.xml:Web 部署描述符。

workspace/项目名/WebContent/WEB-INF/classes:编译后的 Java 类文件。

workspace/项目名/WebContent/WEB-INF/lib:Java 类库文件(* .jar)。

workspace/项目名/WebContent/META-INF:描述程序属性配置信息。

workspace/项目名/WebContent/ theme:CSS 文件目录。

7.3.3.2 使用 RAD 6.0 开发动态 Web 项目

Web 应用程序开发可以在 Web 透视图中完成。所有的 Web 组件都存储在动态 Web

项目中。

1. 新建动态 Web 项目

选择【文件】→【新建】→【项目】,打开【新建项目】对话框。在【新建项目】对话框中选择【动态 Web 项目】,然后单击【下一步】按钮,打开【新建 Web 项目】对话框,输入项目名称,选中合适的 Servlet 版本,选中【将模块添加到 EAR 项目】复选框,如图 7-52 所示。单击【完成】按钮,可见在项目资源管理器中生成的对应的 Sample 项目目录,如图 7-53 所示。

图 7-52　新建动态 Web 项目

图 7-53　Sample 项目目录

2. 创建登录页面 Login. jsp

选中资源管理器中的项目名称 Sample,右击,在弹出的菜单中选择【新建】→【JSP 文件】,在弹出的对话框中输入 JSP 文件的名称:Login. jsp。

3. 设置启动页面

双击资源管理器中的"部署描述符:Sample",RAD 在编辑器中打开 web. xml。选择编辑器下方最右侧的一个标签【源】,将欢迎页面设置为 Login. jsp。

4. 为 Login. jsp 添加元素

双击资源管理器中的 Login. jsp,Login. jsp 在编辑器中打开。编辑器的左下方会出现【设计】【源代码】和【预览】三个标签。【设计】用来制作页面,【源代码】就是页面的标记标签;【预览】用来预览页面制作效果。Login. jsp 页面上的元素至少包括:

(1) 两行文本提示,分别用来提示用户输入用户名和密码。

(2) 分别与两行文本对应的输入框。

(3) 提交按钮。

(4) 页面上还需要添加一个表单,文本提示、输入用户名和密码的文本框和提交按钮要添加在表单内部。

页面元素可以直接写在 HTML 代码里,也可以通过选用板视图进行添加,如图 7-54 所示。切换到【设计】标签下,将鼠标直接放置在 HTML 页面中合适的位置,选择选用板中的元素单击,在弹出的对话框中选择相应的 HTML 元素的属性设置,单击【Finish】按钮后,对应的 HTML 元素会自动插入在鼠标所在的位置上。

图 7-54   使用选用板视图创建文本输入字段

页面设计效果如图 7-28 所示。

5. 创建 Servlet

选中资源管理器中的项目名称 Sample,右击,在弹出的菜单中选择【新建】→【其他】→
【Servlet】,弹出【创建 Servlet】对话框。在该对话框中输入 Servlet 文件的名称
LoginServlet。可以选择 Servlet 继承的类。

单击【下一步】按钮,指定 Servlet 所在包 servlets,如图 7-55 所示。

图 7-55   【创建 Servlet】对话框

单击【下一步】按钮,选择创建 Servlet 后默认生成的方法和接口,单击【完成】按钮。在
web. xml 文件中,将自动添加对 Servlet 的配置。

```
< servlet - mapping >
    < servlet - name > LoginServlet </ servlet - name >
    < url - pattern >/LoginServlet </ url - pattern >
</ servlet - mapping >
```

LoginServlet. java 将出现在 JavaSource 文件夹下的 servlets 包中。双击资源管理器中
的 LoginServlet. java,编辑器中自动打开 LoginServlet 的代码编辑页。创建好的
LoginServlet 有一些自动生成的代码,可以根据程序的需要保留或者删除。在. java 文件中
书写代码时,可以通过自动获取的方式,也就是在对象后面先写出半角的. 字符,对象的方法
和属性将自动出现在悬浮的对话框(Hoverbox)中,如图 7-56 所示。

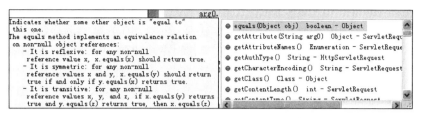

图 7-56　自动获取属性和方法

6. 创建 UserBean

选中资源管理器中的项目名称 Sample，右击，在弹出的菜单中选择【新建】→【类】，在弹出的对话框中输入 JavaBean 文件的名称 UserDAO 和 UserDAO 所在的包名 beans（不建议采用默认包，系统将自动创建指定包）。注意默认创建的方法。

单击【完成】按钮，UserBean.java 将出现在 JavaSource 文件夹下的 beans 包中。双击资源管理器中的 UserBean.java，编辑器中自动打开 UserBean 的代码编辑页。创建好的 UserBean 也有一些自动生成的代码。UserBean 用来封装数据库的对象。

在 RAD 6.0 中，也可以使用自动生成的 getters 和 setters 方法来设置 bean 的属性。与 MyEclipse 一样，也要求先定义好属性本身，然后选择【源代码】→【生成 Getters and Setters】，打升【生成 Getter 和 Setter】对话框（如图 7-57 所示），自动将属性的 get 和 set 方法添加到 UserBean 的代码中。

图 7-57　【生成 Getter 和 Setter】对话框

7. 创建 DBDAO 和 UserDAO

DBDAO 和 UserDAO 都是 Java 的类文件，故与上述操作步骤一样，选中资源管理器中的项目名称 Sample，右击，在弹出的菜单中选择【新建】→【类】，输入文件的名称并单击【Browse】按钮，选择类所在的包名 beans。DBDAO 用来设置数据库的连接和执行方法。UserDAO 用来执行与具体的用户表相关的数据操作。

8. 创建 admin.jsp 和 index.jsp

选中资源管理器中的项目名称 Sample,右击,在弹出的菜单中选择【新建】→【JSP 文件】,在弹出的对话框中输入 JSP 文件的名称。分别在新建的 JSP 页面上输入文字:"管理员登录"和"普通用户登录"。

9. 将项目部署到服务器上

选中资源管理器中的项目名称 Sample,右击,在弹出的菜单中选择【运行】→【在服务器上运行】,打开【选择服务器】对话框(如图 7-58 所示)。选择服务器,单击【下一步】按钮,选择服务器端口号和名称等内容。单击【下一步】按钮,将 SampleEAR 移动到【已配置的项目】中,如图 7-59 所示。单击【完成】按钮,运行程序。再次运行程序时,不需要再进行手工定义,直接选择配置好的内容即可。

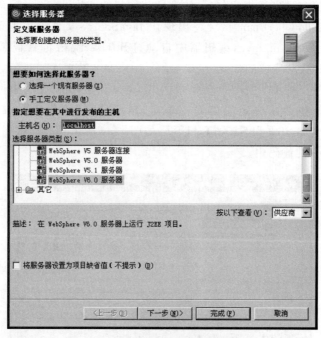

图 7-58　【选择服务器】对话框

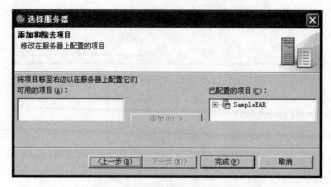

图 7-59　将项目部署到指定的服务器

10. 运行程序

启动服务器后,可以直接在 Web 页中输入 URL 地址运行该程序。

7.3.3.3 创建 Struts 应用程序

通过 Web 应用程序创建向导,选中 Struts 复选框,使 Web 应用程序被配置为支持 Struts1.x 功能。RAD 自动添加 Struts1.x 运行时环境,标记库和 Action Servlet,创建 Struts1.x 配置文件和应用程序资源文件的框架。RAD 6.0 中支持 Struts1.1 版本。

(1) 创建 Struts 应用程序。创建 Struts 应用程序的第一步也是要创建动态 Web 应用程序,但在【新建动态 Web 项目】对话框中,输入项目名称后,单击【下一步】按钮,在弹出的对话框中勾选【Struts】和【JSP 标记库】,如图 7-60 所示。然后单击【下一步】按钮至【完成】按钮。

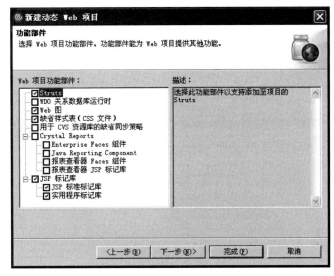

图 7-60   部署项目到指定的服务器

(2) 创建 Struts 组件。在项目资源管理器中双击【Web 图】,Web 图如图 7-61 所示。在 Web 图编辑器中,可以通过拖曳的方式将选用板中的 Struts 组件拖放到 Web 图上。可以通过这种方式建立 Struts 组件和映射关系,也可以像前面的 J2EE 程序那样,直接建立类文件。

(3) 程序的部署和运行与普通的 J2EE 是一样的。

7.3.3.4 Struts2 应用程序

RAD 6.0 没有直接提供对 Struts2 应用的支持。创建 Struts2 应用程序,可以像 MyEclipse 那样,自己添加 Struts2 需要的 jar 包。

(1) 创建普通的动态 Web 应用程序 StrutsDemo。

(2) 添加 Struts2 jar 包。在项目资源管理器中选中 StrutsDemo,右击,在弹出的菜单中选择【属性】,打开如图 7-62 所示的对话框,选择【库】标签,单击【添加外部 JAR】按钮,选择 jar 文件,将需要的全部添加到项目中。

(3) 创建 Struts2 组件。

(4) 部署和运行程序与上述 J2EE 程序相同。

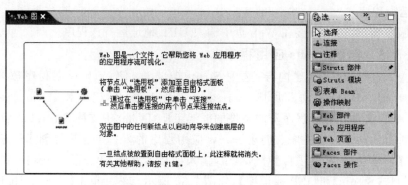

图 7-61 Web 图

图 7-62 "StrutsDemo"的属性对话框

第8章 网上售书系统的开发

本章以某书店网上售书业务为主线，按照软件工程的生命周期法进行系统开发，包括问题分析、可行性研究、需求分析、系统设计、系统实现、软件测试与维护的全过程；清晰地呈现了生命周期法的实际应用方法和涉及的问题。网站的建设不同于信息系统开发，网站要分"前台管理"和"后台管理"两部分，同时要求前台页面美观、布局合理、使用方便。考虑到网站的建设工作量和软件工程实践的适合规模，本章只选取最基本的业务进行开发，实现浏览、购物和后台管理的基本功能。

8.1 问 题 分 析

1. 业务调查

电子商务网站的大量涌现，实质上是一个新世界、新市场的瓜分活动，是商务领域的一种新战略思想。随着电子商务网站的不断发展，可以发现在网络世界这个虚拟空间里存在着大量的宝贵资源，值得各行各业去探索。网上售书就是其中一种 Internet 商务活动，将传统的商业模式与电子信息技术结合起来，产生一种更能满足现代人生活需求的商业模式。本文以消费者的需求为出发点，设计并开发一个"以客为尊""以人为本"的网上售书系统。

网上售书系统的前台业务包含以下内容。

(1) 图书浏览和查询：任何用户都可以进入系统界面随意浏览网页，并且根据分类提示快速查询到自己想看的书籍，系统会根据读者的浏览信息给读者推荐相关的书籍。页面上显示一些促销活动信息。

(2) 登录：用户登录系统后，界面设置有顾客的"购物车""我的订单"以及"信息维护"等功能，用户可以根据自己的需求分别进行相关操作。例如，首先可以修改自己的基本资料，还可查看自己的购物车信息和订单信息。

(3) 会员注册：顾客打开首页后，可以直接单击【注册】按钮，注册为本站的会员（注册之后才能进行购买业务）。

(4) 购买：如果在买书时还没有注册，则单击【购买】按钮后，系统直接跳入注册页面，根据提示注册为会员。选择需要的图书后单击"购买"按钮，选中的图书将首先被添加到购物车。购物车买书下单可根据信息提示一步一步完成，最终生成订单，并等待订单被确认。订单被确认意味着付款生效。

网上售书系统的后台管理业务包含以下内容。

(1) 图书基本信息的管理：由专门的工作人员负责记录图书的基本信息，包括书名、图片、价格、图书描述等信息，将这些信息录入数据库，并进行书籍信息维护（修改或删除）。

（2）图书分类管理：有专门的图书分类管理。主要内容包括图书类别名称、类别描述以及分类维护（修改分类或删除分类）。

（3）促销信息管理：对促销信息进行添加和删除工作。

（4）订单信息管理：由专门的人员管理订单信息。订单管理包括统计订单编号、下达日期、金额、订单状态（已下达未受理、已受理处理中、未受理三种状态），最后还可进行订单的相关处理，如查看订单、删除订单等。

（5）会员管理：由专门的人员管理会员信息，包括调整会员级别和删除会员。

2. 系统目标

（1）建立一个内容全面、丰富的网上售书系统，尽量满足用户的需求。

（2）系统界面设置简洁，提供简捷、方便的人性化操作，使任何消费者都能顺畅地浏览图书。

（3）简便的购买流程。顾客可根据提示完成订单的填写，操作简单快捷，为客户提供全面周到的服务。

（4）建立高效快捷的物流配送和良好的售后服务。

（5）对系统提供必要的权限管理，系统数据库管理员要进行实时的更新管理。

（6）通过网上售书系统的实现，给消费者提供方便、快捷、省时、可靠的服务。

3. 计算机配置方案

确立配置方案需要综合考虑系统的客观约束条件、新系统的处理方式、联机存储量、系统所需硬件资源以及系统所需软件。针对一般的电子商务业务，同时考虑到开发成本，系统设计成 B/S 两层结构。综合考虑以上问题，本系统配置方案如下。

（1）分布方案。本系统采用浏览器/服务器的运行方式，数据和程序集中存储在服务器上。对服务器硬件的最低要求如下。

- 处理器：Inter Pentium 4 3.06GHz 或更高。
- 内存：2GB 或更高。
- 磁盘空间：40GB 或更高。

（2）软件环境。

- 服务器端操作系统：Windows 7。
- 数据库服务器：MySQL 5.0。
- 浏览器端操作系统：Windows ME/2000/XP/Vista/V7。
- 浏览器：IE6 及以上版本（或其他浏览器，如 Firefox）。

8.2 可行性研究

在进行项目的实际开发前，要进行可行性研究，目的是以最小的代价在短时间内确定软件项目是否值得开发，是否可以实现。对网上售书系统，下面简单地从经济可行性、技术可行性和社会可行性三个方面来论证。

1. 经济可行性

经济可行性的目的是估算开发成本，确定项目值得投资。这里从以下三个方面来论证网上售书系统开发的经济可行性。

（1）随着 Internet 的迅猛发展，基于 Internet 的电子商务已成为目前非常重要的商业运作方式。网上购物作为一种新兴的商业方式，与传统的购物模式有很大的差异，而众多消费者选择并认可这种方式，就是因其具有许多传统购物方式所不具备的优点。首先，网上图书价格相对较低。因为网上商店省去了店面租金、雇用人力等传统商店无法忽视的相关费用，所以即使加上网上购物所必需的邮寄、转账等费用，仍比到商场去买要便宜许多。其次，网上购物更加方便快捷。不出门便可以买东西，是现代人的一种新生活方式。网上购书的快捷性表现在搜索目标、订购、送货时间的快速。再次，网络购物没有时间和地域的限制，图书信息也比较丰富。

（2）由于软件开发需要一定的时间，如果开发时间较长，可能会出现软件系统完成时，与最初提出的需求相差很大的情况。就目前的平均软件水平而言，开发一个简单的网上售书系统，从问题提出到网站投入使用，考虑到目前比较成熟的软件开发模式与开发工具，开发周期可以限定在两个月之内。

（3）从软件角度分析，对中等规模及以上的企业来说，可以选用 MySQL 和普通的开发工具，对操作系统也无特殊要求，网站的软件建造花费并不高。

综上所述，开发网上售书系统在经济上是可行的。

2. 技术可行性

技术可行性要对项目的功能和限制条件等进行分析，目的是确定项目是否能实现。一般要包括开发风险和技术水平。

在开发风险方面，因开发费用较低，软、硬件要求都不高，开发周期短，并且现有技术也比较成熟，故开发风险较低。

网上售书系统可以运行在 Windows 和 UNIX 操作系统上，基本能够完成系统的业务功能和较快的响应性能。在开发技术方面，选择生命周期法进行分析和设计，实现过程基于 Java 技术，选用 Struts 框架，在技术上可行。

综上所述，开发网上售书系统在技术上是可行的。

3. 社会可行性

社会可行性的重点是确定项目的运行方式在企业内是否行得通，对现有管理制度、人员安排等有多大变化。

电子商务发展到今天，安全性已经大大改进，借助于公用支付平台，极大地保障了网上购物的安全性。网上售书系统的使用，可以扩大就业岗位，更好地繁荣电子商务物流系统。

网站的系统使用简单、直观。在现代社会中，人们的生活节奏变得越来越快，网上售书符合现代人的生活理念，给人类带来较好的社会效益。

综上所述，开发网上售书系统具备社会可行性。

8.3　需求分析

网上售书系统的用户是使用网站的任何人，在业务处理上，网上售书系统应满足以下需求：

（1）图书内容全面。

（2）数据查询方便，支持模糊查询，可以同时根据不同的浏览主题来快速搜索目标。

（3）管理员可以方便地对基本数据进行更新操作，添加、修改、删除数据。

（4）网站界面设置简洁，易于操作和使用。

（5）购书流程简便，网上交易简单安全。

（6）通过顾客留言模块为广大读者提供相互交流的平台。

8.3.1 建立业务模型

网上售书系统的需求提出源自于电子商务的发展以及网络使用人数的快速增长。因此，在进行系统网站的规划、分析和设计之前，要对网络销售做全面、充分的调查研究和潜力分析，在此基础上建立网站的业务模型。业务模型是对业务结构和业务活动本质的、概括的认识，可用"业务范围——业务过程——具体业务处理"这样的层次结构来对其进行描述。业务模型的建立可以分为以下三个阶段。

（1）业务的调查与分析。

（2）提出一个表示全部业务的模型。

（3）扩展上述模型，使它能表示出各项具体的业务活动，最终确定为业务模型。

根据对网络售书业务流程的调查和分析，得到网上售书业务模型如表 8-1 所示。

表 8-1　网上售书业务模型

业务范围	业务过程	具体业务处理
网上售书	会员注册	用户输入用户名、密码等注册信息 检查该用户信息是否已经存在 如果存在，提示用户更改用户名 如果不存在，将该用户数据插入用户信息库中
	页面浏览与查询	显示排序在前的书目信息 显示促销活动信息 用户选择感兴趣的内容 显示书目详细信息
	登录	输入用户名和密码 登录系统，显示登录成功信息 提示用户退出登录功能
	购物车管理	用户选择需要的图书，单击【购买】按钮，图书被添加到购物车中 用户进入购物车管理页面，可以修改购买数量 用户进入购物车管理页面，可以删除购物车中的图书记录 用户选择继续购物或者进入结账页面
	订单管理	从购物车管理页面进入下一步"订单管理" 显示对应的订单编号和金额等信息 用户可以查看订单详细情况 用户可以删除订单 提交订单(结账)

业务范围	业务过程	具体业务处理
后台管理	登录	只有系统管理员可以管理后台数据 管理员输入用户名和密码 登录成功,进入后台管理页面
	图书分类管理	显示数据库中对应的图书分类数据 新增图书分类 可以修改图书分类 可以删除图书分类
	图书管理	显示图书基本信息 选择查看具体图书的详细信息 新增图书记录 选择图书进行修改 选择图书删除
	订单管理	显示全部订单信息 可以查看订单 可以处理订单 可以删除订单
	会员管理	显示全部会员信息 查看会员信息 可以修改会员等级 可以删除会员

根据网上售书系统的业务模型,对整个系统要实现的内容有了初步的理解和认识。为了确保整个系统能够更加准确地符合网上售书的实际需求,我们使用业务流程图进一步表达和确认系统的业务功能。业务流程图用于在业务上与客户进行确认,也有助于更加准确地画出数据流程图,把握系统的数据流。根据企业模型,本系统共有"前台管理"和"后台管理"两大部分,高层业务流程图如图 8-1 所示。前台管理业务流程图如图 8-2 所示。后台管理业务流程图如图 8-3 所示。

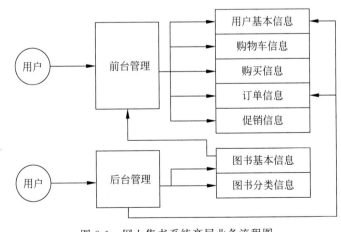

图 8-1 网上售书系统高层业务流程图

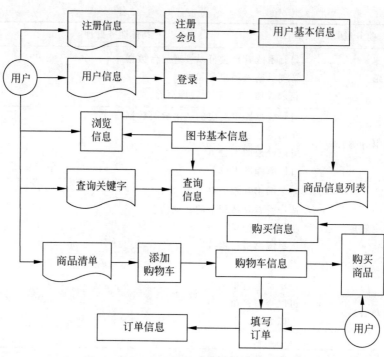

图 8-2　网上售书系统前台管理业务流程图

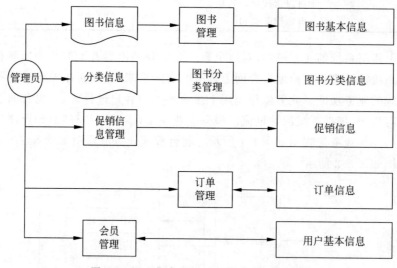

图 8-3　网上售书系统后台管理业务流程图

8.3.2　数据流分析

业务流程图是用户与计算机专业人员进行交流的工具,它直观地显示系统的主要功能,它的主要作用是与用户确认图纸描述的业务处理功能是否准确、完备;使用和生成的数据是否合理。但是,业务流程图不能表示准确的数据流,也不能代表全部的计算机信息处理过程。因此,我们在被确认的业务流程图的基础上,抽取数据流;删除纯人工的操作和不属于本系统的处理范围；增加初期调研没有得到的常规业务，最终得到前台管理数据流程图（如图 8-4 所示）、后台管理数据流程图（如图 8-5 所示）。

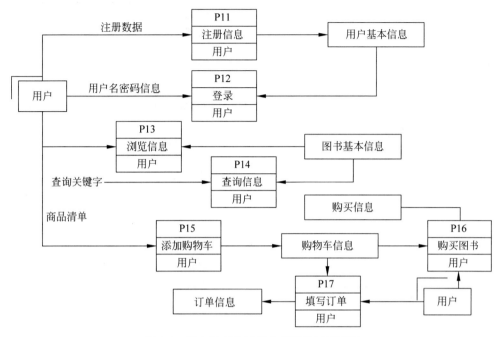

图 8-4　网上售书系统前台管理数据流程图

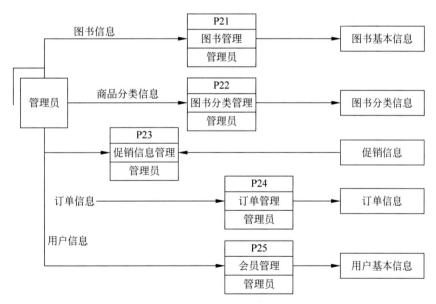

图 8-5　网上售书系统后台管理数据流程图

　数据流程图并不能完整地描述软件需求，因为它没有描述数据流程图中各个成分的具体内容。在实际应用中，数据流程图往往与数据字典配套使用。数据字典是在数据流程图基础上，进一步定义和描述图中各个成分的工具。根据系统中前、后台管理数据流程图的规模，我们重点说明数据存储。系统的数据存储如表 8-2 所示。

第 8 章

网上售书系统的开发

表 8-2　数据存储

数据存储名称	编号	数据来源	使用权限	数据描述
用户基本信息	Ds011	用户注册 后台会员管理更新	仅用户本人可读可写 管理员可读可写	会员注册信息
购物车信息	Ds015	用户选择图书单击【购买】按钮	仅用户本人可读可写	用户购物车的图书信息
购买信息	Ds016	用户选择购物车单击【购买】按钮	仅用户本人可读可写	用户的购买信息
订单信息	Ds017	用户购书订单 后台订单管理更新	用户可读可写 管理员可读可写	订单信息
促销信息	Ds023	后台管理录入	普通用户可读不可写 系统管理员可读可写	促销活动信息
图书基本信息	Ds021	图书入库管理员登记	普通用户可读不可写 系统管理员可读可写	图书的基本信息描述
图书分类信息	Ds022	根据划分原则,管理员录入书籍类别	普通用户可读不可写 系统管理员可读可写	图书分类信息

8.4　系 统 设 计

8.4.1　总体设计

在总体设计中,重点考虑计算机系统要实现的功能模块。系统各个功能模块的确定依据是系统高层和二层数据流程图。应用变换分析方法,考查输入和输出数据,可以确定高层数据流程图中的两个处理功能对应系统中的两个一级模块,各个叶子层处理功能共有 12个,在转化为系统模块时,处理过程如下。

会员注册:会员注册实现会员的信息添加和修改过程,作为一个单独的模块实现。

登录:登录是一个单独的模块,用来供用户输入用户名和密码,进行用户身份验证。

浏览信息:网站首页,显示部分图书信息和图书分类信息,提示用户登录。

查询信息:无条件检索或者指定条件的检索,显示查询结果对应的图书信息。

添加购物车和购买图书:由于用户购买信息来自于购物车,因此,可以考虑这两个功能作为一个模块实现,使用相同的页面,用不同的标签实现不同的业务处理,分别对应不同的数据存储。命名为购物车模块。

生成订单:作为一个独立的功能模块,供用户来确认订单的内容。

图书管理:作为一个独立的功能模块,实现后台管理。该模块内容包括图书的基本信息(如图书名称、图片、价格等信息)的录入、删除和修改。

图书分类管理:作为一个独立的功能模块,实现后台管理。对图书分类信息进行录入、删除和修改。

促销信息管理:作为一个独立的功能模块,实现后台管理。提供促销信息的新增、删除和修改功能。

订单管理：作为一个独立的功能模块，实现后台管理。主要功能包括对订单信息的查看、受理和修改工作。

会员管理：作为一个独立的功能模块，实现后台管理。提供特价会员等级的修改、会员删除的功能。

综上所述，网上售书系统的功能结构如图 8-6 所示。由于各个业务功能相对独立，所以设计满足模块设计的低耦合、高内聚的原则。

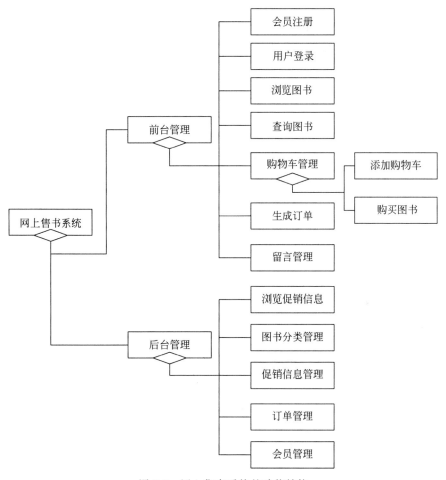

图 8-6　网上售书系统的功能结构

（1）会员注册管理。

功能：会员注册实现会员的信息添加和修改过程。

权限：会员本人可读可写。

（2）登录。

任何用户输入用户名和密码，如果信息正确，记录用户会员身份，登录网站前台系统。

（3）浏览图书。

首页面加载，显示排序在前的图书基本信息。

权限：任何用户可读。

（4）查询图书。

在页面上指定的位置输入检索条件，系统对图书信息进行有条件或无条件检索，结果显示在网站页面上。

权限：任何用户可查询可读结果。

（5）购物车管理模块。

添加购物车：用户选择合适的图书，单击"购买"按钮；或者查看图书的详细信息，单击"购买"按钮。图书记录被添加到购物车中，包括图书的名称、单价等。不同等级的会员会有不同的折扣。

购买图书：可以修改购物车中的购买数量，也可以删除购物车中的项目。当确认购物车中的项目进行购买时，系统对购物车中的图书购买情况进行统计，包括指定购物车中的购买图书总价。

权限：购买图书用户可读可写。

（6）生成订单。

确定购买时（单击"下一步"按钮购买图书），系统生成订单，并提示用户输入订单信息。提交订单后，用户可以查看订单详情，确认购买信息或删除订单。

权限：购买图书用户可读可删除。

（7）浏览促销信息。

首页上提供一个对促销信息的可视区域。

权限：普通用户可读不可写。

（8）图书管理。

后台管理实现。管理员首先要登录到后台管理模块，可以对图书的基本信息（如图书名称、图片、价格等信息）进行录入、查看、删除和修改。

权限：管理员可读可写。

（9）图书分类管理。

后台管理实现。管理员首先要登录到后台管理模块，对图书分类信息进行录入、查看、删除和修改。

权限：管理员可读可写。

（10）促销信息管理。

后台管理实现。管理员首先要登录到后台管理模块，对促销信息进行录入、查看、删除和修改。

权限：管理员可读可写。

（11）订单管理。

后台管理实现。管理员首先要登录到后台管理模块，主要功能包括对订单信息的查看、受理和删除。

权限：管理员可读可写。

（12）会员管理。

后台管理实现。管理员首先要登录到后台管理模块，主要功能包括对会员信息的查看、更改会员等级、删除会员。

权限：管理员可读可写。

8.4.2 数据库设计

数据库设计是在 DBMS 的支持下,按照应用的要求设计出合理的数据库物理结构。本系统采用 MySQL 5 数据库,根据在系统分析和模块设计中得到的功能和相应的数据存储,本系统数据库名称:网上售书库;标志:BookShop。

1. 数据库的 E-R 模型

分析数据流程图中得到的数据存储,除了已经得到的数据存储外,根据总体设计得到的功能模块内容,要考虑添加两个非处理功能输入的关系模式;一是系统管理员的用户名和密码,添加管理员信息实体;二是添加用户等级表,在购买图书时确认具体的折扣。综上所述,得到系统的实体及其属性如下。

管理员信息:ID、账号、密码。

会员信息:ID、等级 ID、登录名、密码、用户名、电话、地址、邮编、注册日期、最近登录日期、登录次数、电子信箱。

会员等级:ID、等级名、折扣。

购买信息:ID、会员 ID、金额、是否购买的标志。

订单表:ID、会员 ID、订单编号、订单填写日期、订单状态。

图书类别:ID、书籍种类名称、介绍。

图书信息:图书 ID、类别、图书名称、价格、书籍详细介绍、出版社、出版日期。

如图 8-7 所示即系统的 E-R 图(由于实体属性较多,为避免图过于复杂,图中只表示实体名)。

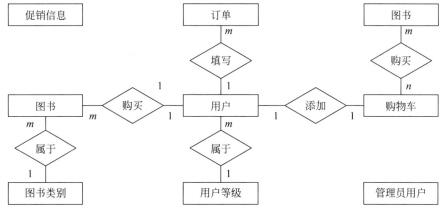

图 8-7 系统的 E-R 图

2. 数据库关系模式

根据 E-R 模型,将一对一的关系与任意端合并,一对多的关系与多端实体合并,多对多的关系独立成一个关系模式(购买关系),同时考虑到实际的 DBMS 数据类型,得到系统的数据库关系表设计如下。

(1) 表名:管理员信息表(如表 8-3 所示)。

标志:tbAdmin。

数据来源:原始数据录入。

表 8-3　管理员信息表

字　段　名	是否为主键	类　　型	长　　度	是否允许为空	备　　注
ID	是	Int	4	否	管理员 ID
LoginName	否	char	12	是	账号
LoginPwd	否	Char	12	是	密码

```
INSERT INTO 'admin' VALUES ('1', 'admin', 'admin')
```

（2）表名：用户信息表（如表 8-4 所示）。

标志：tbUser。

数据来源：会员注册管理模块的录入。

表 8-4　用户信息表

字　段　名	是否为主键	类　　型	长　　度	是否允许为空	备　　注
ID	是	int	4	否	ID
LevelID	否	int	4	否	等级 ID
LoginName	否	char	12	是	登录名
LoginPwd	否	char	12	是	密码
UserName	否	varchar	20	是	用户名
Tel	否	varchar	15	是	电话
Address	否	varchar	100	是	地址
Zip	否	varchar	10	是	邮编
RegDate	否	datetime		是	注册日期
LastDate	否	datetime		是	最近登录日期
LoginTimes	否	int	4	是	登录次数
EMail	否	varchar	100	是	电邮

（3）表名：用户等级表（如表 8-5 所示）。

标志：tbLevel。

数据来源：原始数据录入。

表 8-5　用户等级表

字　段　名	是否为主键	类　　型	长　　度	是否允许为空	备　　注
ID	是	int	4	否	ID
LevelName	否	varchar	20	是	等级名字
Discount	否	int	4	是	折扣

```
INSERT INTO 'tbLevel' VALUES ('1', '普通会员', '95'), ('2', '黄金会员', '90'), ('3', '白金会员',
'85'),('4', '钻石会员', '80');
```

（4）表名：图书类别表（如表 8-6 所示）。

标志：tbCategory。

数据来源：后台管理模块的录入。

表 8-6　图书类别表

字　段　名	是否为主键	类　　型	是否允许为空	备　　注
ID	是	int(4)	否	ID
CName	否	char(40)	是	书籍种类名称
CDes	否	text(500)	是	书籍种类的介绍

（5）表名：图书信息表（如表 8-7 所示）。

标志：tbBook。

数据来源：后台管理模块的录入。

表 8-7　图书信息表

字　段　名	是否为主键	类　　型	是否允许为空	备　　注
ID	是	int(4)	否	ID
CID	否	int(4)	否	类别
BName	否	char(40)	是	书名
Price	否	decima(8,2)	是	价格
PicPath	否	varchar(60)	是	封面
BDesc	否	text	是	书籍详细介绍
Press	否	varchar(60)	是	出版社
PressDate	否	Datetime	是	出版日期

（6）表名：购买信息表（如表 8-8 所示）。

标志：tbBuy。

数据来源：购物车管理的录入。

表 8-8　购买信息表

字　段　名	是否为主键	类　　型	是否允许为空	备　　注
ID	是	int(4)	否	ID
UserID	否	int(4)	否	会员 ID
Money	否	decimal(9,2)	是	金额
CartStatus	否	int(4)	是	是否购买的标志

（7）表名：购物车图书信息表（如表 8-9 所示）。

标志：tbCart。

数据来源：购物车管理的录入。

网上售书系统的开发

表 8-9　购物车图书信息表

字　段　名	是否为主键	字　段　类　型	是否允许为空	备　　注
ID	是	int(4)	否	ID
BuyID	否	int(4)	否	tbBuy 表 ID
BID	否	int(4)	否	图书 ID
Number	否	int(4)	否	数量
Price	否	decimal(8,2)	否	单价
TotlePrice	否	decimal(9,2)	否	总价格

(8) 表名：订单表(如表 8-10 所示)。

标志：tbOrder。

数据来源：订单管理模块的录入。

表 8-10　订单表

字　段　名	是否为主键	类　　型	是否允许为空	备　　注
ID	是	int(4)	否	ID
UserID	否	int(4)	否	会员 ID
BuyID	否	int(4)	否	tbBuy 表 ID
OrderNO	否	varchar(20)	是	订单编号
OrderDate	否	datetime(50)	是	订单填写日期
OrderStatus	否	int(4)	是	订单状态

(9) 表名：促销信息表(如表 8-11 所示)。

标志：tbMessage。

数据来源：促销管理模块的录入。

表 8-11　促销信息表

字　段　名	是否为主键	类　　型	是否允许为空	备　　注
ID	是	int(4)	否	ID
Title	否	varchar(100)	是	标题

8.4.3　详细设计

系统的总体设计确定了系统模块结构和功能,详细设计阶段要给出系统的每一个模块的程序化制作方法,也就是每个模块的页面设计和功能设计。对于网站,在详细设计阶段一般要通过工具,直接给出前台页面,因为网站的页面布局和风格对一个网站的建设是很重要的。详细设计应该尽量贴近程序设计,给出功能设计时也应该指明主要的程序结构、涉及的数据库表和数据库操作。下面按照"前台管理"和"后台管理"两个部分进行详细设计。

1. 前台管理

(1) 网上售书系统网站首页如图 8-8 所示。网站首页功能设计如表 8-12 所示。

图 8-8　网上售书系统网站首页

表 8-12　网站首页功能设计

功　　能	设　　计
页面加载（浏览图书）	1. select Cname from tbCategory 将全部的 CName 值显示在页面左侧图书类别对应的列表处 2. select BName,Price,PicPath from tbBook ORDER BY ID DESC (1) 若检索结果为 0,页面对应的位置提示"没有图书!" (2) 若检索结果不为 0,按照图 8-8 的布局,将检索结果显示在页面的对应的位置 3. select Title from tbMessage ORDER BY ID DESC (1) 若检索结果为 0,页面对应的位置提示"暂时没有促销信息!" (2) 若检索结果不为 0,按照图 8-8 的布局,将检索结果显示在页面的对应的位置
搜索（查询图书）	1. 在"检索图书"处输入搜索内容 2. 单击"搜索"按钮,页面转发至图 8-10。传递查询字符串:"select BName,Price,PicPath,Press,BDesc from tbBook where BName like "%输入的字符% " ORDER BY ID DESC"。注:未输入的条件进行无条件检索
导航栏菜单链接	1. "首页"链接至图 8-8 2. "购物车"链接至图 8-13 3. "我的订单"链接至图 8-16 4. "信息维护"链接至图 8-12
登录	1. 用户输入登录账号和密码,单击"登录"按钮 用输入的账号和密码作为条件,检索 tbUser (1) 若账号或者密码不正确,提示如图 8-9 所示 (2) 若账号和密码正确,在"会员登录"提示符下显示用户已经成功登录,如图 8-9 所示,并提供"安全退出"链接,返回登录提示 2. 单击"注册"按钮,打开图 8-12
更多	1. 单击"更多"按钮,转发至图 8-10 2. 传递查询字符串:"select BName, Price, PicPath, Press, BDesc from tbBook ORDER BY ID DESC"

网上售书系统的开发

续表

功　能	设　计
详情	1. 单击"详情"按钮，转发至图 8-11 2. 传递查询字符串："select ＊ from tbBook where ID＝页面上选择的图书 ID"
购买	1. 单击"购买"按钮 2. 检索记录，确定在购物车中是否存在未下订单的对同一本书的购买记录： from tbBuy as a where a. UserID＝"该会员 ID" and a. CartStatus ＝0 (1) 如果检索结果为 0 条记录 ① 向 tbBuy 表中插入一条记录，ID 字段取值方式为自动生成，Money 字段为当前记录的数量×单价，CartStatus 设置为 0 ② 向 tbCart 中插入数据，ID 字段取值方式为自动生成；BuyID 为①中生成的 tbBuy 表中的 ID(tbBuy 表中 UserID＝"该会员 ID")；TotalPrice 为当前记录的数量×单价 (2) 如果检索结果不为 0 条记录 检索记录 from tbCart as a where a. BuyID ＝"第 2 步检索得到的记录的(tbBuy 表)ID" and a. BID ＝"选中的图书 ID"order by a. ID desc ① 如果检索结果不为 0 参考 tbBook 表中的各个字段值更新 tbCart 表中的对应记录，注意数量在原来的基础上加 1 ② 如果检索结果为 0 向 tbCart 中插入数据，ID 字段取值方式为自动生成；BuyID 为(2)中检索得到记录的(tbBuy)ID(tbBuy 表中 UserID＝"该会员 ID")；TotalPrice 为当前记录的数量×单价

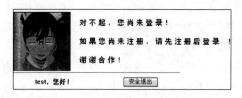

图 8-9　登录成功和失败的提示

（2）查询图书结果页面如图 8-10 所示。查询图书结果页面功能设计如表 8-13 所示。

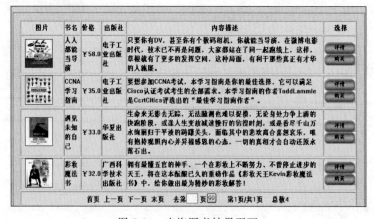

图 8-10　查询图书结果页面

表 8-13　查询图书结果页面功能设计

功　能	设　计
页面加载	接收传递过来的查询字符串,将查询结果显示在图 8-10 上
详情	1. 单击"详情"按钮,转发至图 8-11 2. 传递查询字符串:"select ＊ from tbBook where ID＝页面上选择的图书 ID"
购买	1. 单击"购买"按钮 2. 检索记录,确定在购物车中是否存在未下订单的对同一本书的购买记录: from tbBuy as a where a. UserID＝"该会员 ID" and a. CartStatus ＝0 (1) 如果检索结果为 0 条记录 ① 向 tbBuy 表中插入一条记录,ID 字段取值方式为自动生成,Money 字段为当前记录的数量×单价,CartStatus 设置为 0 ② 向 tbCart 中插入数据,ID 字段取值方式为自动生成;BuyID 为①中生成的 tbBuy 表中的 ID(tbBuy 表中 UserID＝"该会员 ID");TotalPrice 为当前记录的数量×单价 (2) 如果检索结果不为 0 条记录 检索记录 from tbCart as a where a. BuyID＝"第 2 步检索得到的记录的(tbBuy 表)ID" and a. BID ＝"选中的图书 ID"order by a. ID desc ① 如果检索结果不为 0 参考 tbBook 表中的各个字段值更新 tbCart 表中的对应记录,注意数量在原来的基础上加 1 ② 如果检索结果为 0 向 tbCart 中插入数据,ID 字段取值方式为自动生成;BuyID 为(2)中检索得到记录的(tbBuy)ID(tbBuy 表中 UserID＝"该会员 ID");TotalPrice 为当前记录的数量×单价

(3) 查看图书详情页面如图 8-11 所示。查看图书详情页面功能设计如表 8-14 所示。

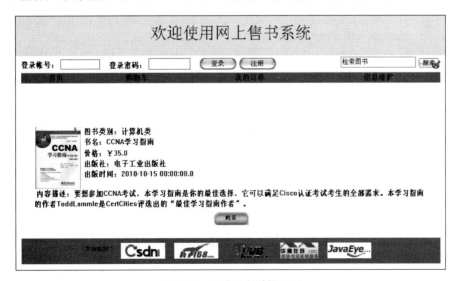

图 8-11　查看图书详情页面

表 8-14　查看图书详情页面功能设计

功　能	设　计
页面加载	接收传递过来的查询字符串,将查询结果显示在图 8-11
搜索(查询图书)	1. 在"检索图书"处输入搜索内容 2. 单击"搜索"按钮,页面转发至图 8-10。传递查询字符串:"select BName,Price,PicPath,Press,BDesc from tbBook where BName like "％输入的字符％ " ORDER BY ID DESC"。注:未输入条件则进行无条件检索
导航栏菜单链接	1. "首页"链接至图 8-8 2. "购物车"链接至图 8-13 3. "我的订单"链接至图 8-16 4. "信息维护"链接至图 8-12
购买	1. 单击"购买"按钮 2. 检索记录,确定在购物车中是否存在未下订单的对同一本书的购买记录: from tbBuy as a where a. UserID="该会员 ID" and a. CartStatus ＝0 (1) 如果检索结果为 0 条记录 ① 向 tbBuy 表中插入一条记录,ID 字段取值方式为自动生成,Money 字段为当前记录的数量×单价;CartStatus 设置为 0 ② 向 tbCart 中插入数据,ID 字段取值方式为自动生成;BuyID 为①中生成的 tbBuy 表中的 ID(tbBuy 表中 UserID="该会员 ID");TotalPrice 为当前记录的数量×单价 (2) 如果检索结果不为 0 条记录 检索记录 from tbCart as a where a. BuyID="第 2 步检索得到的记录的(tbBuy 表)ID"and a. BID ＝"选中的图书 ID"order by a. ID desc ① 如果检索结果不为 0 参考 tbBook 表中的各个字段值更新 tbCart 表中的对应记录,注意数量在原来的基础上加 1 ② 如果检索结果为 0 向 tbCart 中插入数据,ID 字段取值方式为自动生成;BuyID 为(2)中检索得到记录的(tbBuy)ID(tbBuy 表中 UserID="该会员 ID");TotalPrice 为当前记录的数量×单价

　(4) 用户注册页面如图 8-12 所示。用户注册页面功能设计如表 8-15 所示。

表 8-15　用户注册页面功能设计

功　能	设　计
页面加载	1. 判断当前是"用户注册"还是"信息维护" 2. 如果是"用户注册",加载页面如图 8-12 所示 3. 如果是"修改用户信息" (1) 添加标签"等级"。 (2) select LevelName from tbLevel where id="当前用户的 id" (3) 将检索结果显示在标签"等级"后的同一行内 (4) select * from tbUser where id="当前用户的 id" (5) 将检索结果显示在页面上对应的文本框内

功 能	设 计
导航栏菜单链接	1. "首页"链接至图 8-8 2. "购物车"链接至图 8-13 3. "我的订单"链接至图 8-16 4. "信息维护"链接至图 8-12
注册	select * from tbUser where LoginName ="输入的登录账号" 1. 如果检索结果不为 0,则提示用户更换账号 2. 如果检索结果为 0,则将页面上输入的内容插入 tbUser 表中

图 8-12　用户注册页面

　　(5)购物车管理页面 1～3 如图 8-13、图 8-14、图 8-15 所示。购物车管理页面功能设计如表 8-16 所示。

图 8-13　购物车管理页面 1(查看购物车)

图 8-14　购物车管理页面 2(填写订单)

图 8-15　购物车管理页面 3(提交订单)

表 8-16　购物车管理页面功能设计

功　　能	设　　计
页面加载	显示"查看购物车"功能
导航栏菜单链接	1."首页"链接至图 8-8 2."购物车"链接至图 8-13 3."我的订单"链接至图 8-16 4."信息维护"链接至图 8-12
查看购物车	1. 页面数据显示: select BName,c. Price,a. Price,Number,TotlePrice from tbCart as a,tbLevel as b,tbBook as c,tbBuy as d where d. UserID="该会员 ID" and a. BID = c. BID　and a. BuyID = d. ID and a. UserID= b. ID。

功　能	设　计
查看购物车	2. 单击"清空"按钮 (1) select id from tbBuy where UserID="当前会员 ID" and CartStatus=0 (2) delete from tbCart where BuyID ="(1)检索得到的 id" (3) delete from tbBuy where UserID ="当前用户 ID" 3. 单击"继续购物"按钮 转发至图 8-10,无条件检索 4. 单击"下一步"按钮 如图 8-14 所示,切换至"填写订单"功能
填写订单	1. 加载页面内容 2. 单击"返回"按钮,切换至"查看购物车"功能 3. 单击"提交"按钮切换至"提交订单"功能
订单提交成功	1. 向 tbOrder 表中插入数据。系统生成订单编号;OrderNO 字段自动取值; OrderStatus 字段为"已下单,未受理" 2. 更新 tbBuy 表中对应记录的 CartStatus 字段为 1(已经购买) 3. 显示页面提示信息,如图 8-15 所示

（6）订单管理页面如图 8-16 所示。订单管理页面功能设计如表 8-17 所示。

表 8-17　订单管理页面功能设计

功　能	设　计
页面加载	检索 tbOrder 表,检索条件为 tbOrder.UserID="当前会员 ID"
导航栏菜单链接	1. "首页"链接至图 8-8 2. "购物车"链接至图 8-13 3. "我的订单"链接至图 8-16 4. "信息维护"链接至图 8-12
查看订单	1. 转发至如图 8-17 所示的页面,页面数据取值于 tbOrder、tbCart、tbBuy、tbLevel,显示指定订单编号的详细信息。其中,"金额"取值为 tbBuy 表中的 Money 字段 2. 单击"返回"按钮链接至图 8-16
删除订单	删除 tbOrder 中指定订单编号的数据

2. 后台管理

后台管理功能的每一个页面最左侧都包含一个树状列表,包括图书分类管理、图书管理、特价图书管理、订单管理、会员管理和安全退出标签。每一个标签都可以链接到指定的后台管理功能页面。

（1）登录和框架页面。

① 后台管理功能也包括登录,不过对页面的设计和布局要求不高,只需要包含用户名、密码提示标签和输入框即可。登录过程的处理也比较简单。后台管理登录功能设计如表 8-18 所示。

图 8-16　订单管理页面

图 8-17　查看订单页面

表 8-18　后台管理登录功能设计

功　　能	设　　计
登录	用输入的用户名、密码为检索条件，检索 tbAdmin 表 (1) 如果检索结果为 0，提示用户登录信息错误 (2) 如果检索结果不为 0 ① 记录管理员类型 ② 进入后台管理页面，如图 8-18 所示
修改密码	1. 如图 8-18 所示，登录成功后，单击"修改密码"链接 2. 右半部分页面上显示两个标签，分别为"请输入密码"和"请确认密码"，两个标签分别对应一个文本框，用于输入信息。在页面上放置一个"提交"按钮，显示文字为"修改密码" 3. 单击"修改密码"按钮，更新管理员信息表的密码字段

②　后台管理的左侧显示树状列表，通过单击对应的标签显示右半部分的内容。框架页面如图 8-18 所示。

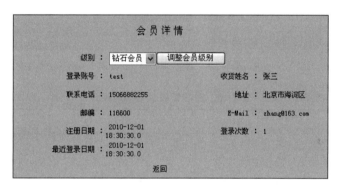

图 8-18　框架页面

（2）会员管理页面如图 8-19 所示，会员详情页面如图 8-20 所示。会员管理页面功能设计如表 8-19 所示。

图 8-19　会员管理页面

图 8-20　会员详情页面

表 8-19　会员管理页面功能设计

功　　能	设　　计
页面加载	1. 检索页面上的指定字段 from tbUser,tbLevel 2. 将检索结果显示在图 8-19 上
会员详情	1. 单击"会员详情"，页面转发至图 8-20 2. 检索 tbLevel 表，将 LevelName 字段值添加到下拉列表中 3. 检索除了 ID 外的全部字段 from tbUser as a,tbLevel as b where a.ID="页面上选择的会员 ID" 4. 将会员等级内容作为页面的下拉列表中的显示值 5. 将检索结果添加在图 8-20 对应的位置上 6. 单击"返回"按钮，页面转发至图 8-19 7. 在下拉列表中选择会员等级，单击"调整会员级别"按钮 8. 更新 tbUser 表中的 LevelID 字段，为页面会员级别在 tbLevel 表中对应的 ID 值
删除会员	删除 tbUser 表中指定 ID 的记录

159

第 8 章

网上售书系统的开发

（3）图书管理页面如图 8-21 所示。图书添加、修改页面如图 8-22 所示。图书管理页面功能设计如表 8-20 所示。

图 8-21　图书管理页面

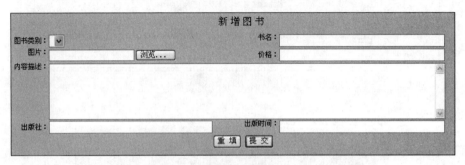

图 8-22　图书添加、修改页面

表 8-20　图书管理页面功能设计

功　　能	设　　　　计
页面加载	1. 检索页面上的指定字段 from tbBook 2. 将检索结果显示在图 8-21 上
查看图片	根据 PicPath 字段值显示图片内容
新增图书	1. 单击"新增图书"，页面转发至图 8-22 2. 检索 tbCategory 表，将 Cname 字段值添加到下拉列表中 3. 输入页面上的各个文本框的值 4. 单击"重填"按钮，清空页面上各个文本框的值 5. 单击"提交"按钮，将页面上的值插入 tbBook 表中
查看详情	参考图 8-11，显示 tbBook 表中指定的图书的全部信息
修改图书	1. 单击"修改图书"，页面转发至图 8-22，页面标题为"修改图书" 2. 检索 tbCategory 表，将 Cname 字段值添加到下拉列表中 3. 检索 tbBook 表中选定的图书记录，将检索结果字段值添加到图 8-22 中各个对应的文本框中 4. 单击"重填"按钮，清空页面上各个文本框的值 5. 单击"提交"按钮，将页面上的值更新到 tbBook 表中
删除图书	删除 tbBook 表中的页面选定记录

（4）图书分类管理页面如图 8-23 所示。图书分类的添加、修改页面如图 8-24 所示。页面分类管理页面功能设计如表 8-21 所示。

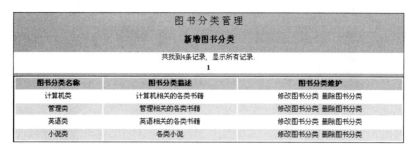

图书分类管理
新增图书分类
共找到4条记录，显示所有记录.
1
图书分类名称
图书分类描述
图书分类维护
计算机类
计算机相关的各类书籍
修改图书分类 删除图书分类
管理类
管理相关的各类书籍
修改图书分类 删除图书分类
英语类
英语相关的各类书籍
修改图书分类 删除图书分类
小说类
各类小说
修改图书分类 删除图书分类

图 8-23 图书分类管理页面

新增图书分类
图书分类名称：
图书分类描述：
重填
提交

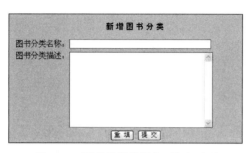

图 8-24 图书分类的添加、修改页面

表 8-21 图书分类管理页面功能设计

功　　能	设　　计
页面加载	1. 检索页面上的指定字段 from tbCategory 2. 将检索结果显示在图 8-23 上
新增图书分类	1. 单击“新增图书分类”，页面转发至图 8-24 2. 输入页面上各个文本框的值 3. 单击“重填”按钮，清空页面上各个文本框的值 4. 单击“提交”按钮，将页面上的值插入 tbCategory 表中
修改图书分类	1. 单击“修改图书分类”，页面转发至图 8-24，页面标题为“修改图书分类” 2. 将在图 8-23 中选定的图书分类数据显示在图 8-24 中对应的文本框中 3. 单击“重填”按钮，清空页面上各个文本框的值 4. 单击“提交”按钮，将页面上的值更新到 tbCategory 表中
删除图书分类	删除 tbCategory 表中的页面选定记录

(5) 促销管理页面如图 8-25 所示。促销管理的添加、修改页面如图 8-26 所示。促销管理页面功能设计如表 8-22 所示。

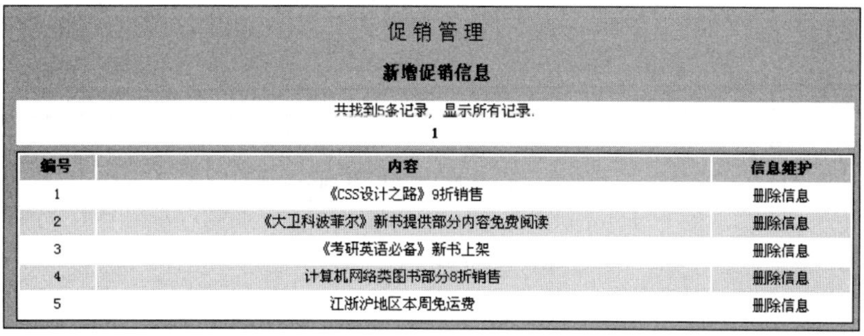

促销管理
新增促销信息
共找到5条记录，显示所有记录.
1
编号
内容
信息维护
1
《CSS设计之路》9折销售
删除信息
2
《大卫科波菲尔》新书提供部分内容免费阅读
删除信息
3
《考研英语必备》新书上架
删除信息
4
计算机网络类图书部分8折销售
删除信息
5
江浙沪地区本周免运费
删除信息

图 8-25 促销管理页面

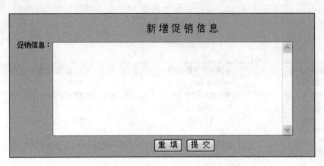

图 8-26　促销管理的添加、修改页面

表 8-22　促销管理页面功能设计

功　　能	设　　　计
页面加载	1. 检索页面上的指定字段 from tbMessage 2. 将检索结果显示在图 8-25 上
新增促销信息	1. 单击"新增促销信息",页面转发至图 8-26,显示标题为"新增促销信息" 2. 输入页面上各个文本框的值 3. 单击"重填"按钮,清空页面上各个文本框的值 4. 单击"提交"按钮,将页面上的值插入 tbMessage 表中
删除促销信息	删除 tbMessage 表中的页面选定记录

(6) 订单管理页面如图 8-27 所示。订单管理页面功能设计如表 8-23 所示。

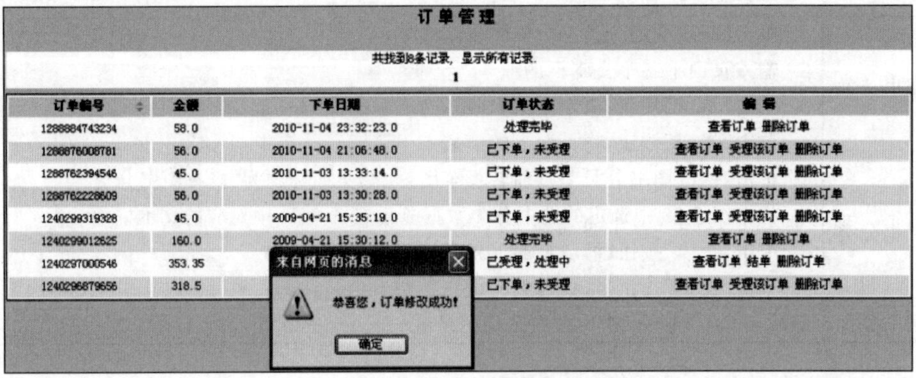

图 8-27　订单管理页面

表 8-23　订单管理页面功能设计

功　　能	设　　　计
页面加载	1. 检索页面上的指定字段 from tbOrder 2. 将检索结果显示在图 8-27 上
查看订单	1. 单击"查看订单",页面转发至查看订单详情页面,页面设计参考图 8-17 2. 页面数据取值于 tbOrder、tbCart、tbBuy、tbLevel,显示指定订单编号的详细信息。其中,"金额"取值为 tbBuy 表中的 Money 字段 3. 单击"返回"链接至图 8-27

功　　能	设　　　计
受理订单	1. 单击"受理该订单",页面订单状态变为"已受理,处理中",页面"编辑"列对应的标签变为"结单" 更新 tbOrder 表中的 OrderStatus 字段为"已受理,处理中" 2. 单击"结单",页面订单状态变为"处理完毕",更新 tbOrder 表中的 OrderStatus 字段为"处理完毕"
删除订单	删除 tbOrder 中指定订单编号的数据

8.5　系　统　实　现

系统的编码实现使用基于 Java 的 Web 技术,采用 Struts ＋ Hibernate 框架。开发工具可以使用 MyEclipse ALL IN ONE,也可以使用 IBM 的 RAD,本例使用 MyEclipse 6.5,服务器选用 Tomcat 5.x。开发工具的使用方法详见本书第 3 章,本节只说明实现过程的技术环节和使用的组件。

8.5.1　Hibernate 封装数据

在对数据的封装技术上,本例使用 Hibernate 封装数据。Hibernate 是一个开放源代码的对象关系映射框架,它对 JDBC 进行轻量级的对象封装,既可以在 Java 的客户端程序使用,也可以在 Servlet/JSP 的 Web 应用中使用。Hibernate 可以在应用 EJB 的 J2EE 架构中取代 CMP,完成数据持久化的任务。

（1）在 MyEclipse 中,可以通过向导的方式完成使用 Hibernate 数据封装的过程。在资源管理器中选中 Web 项目,然后右击,在弹出的菜单中选择【MyEclipse】→【Add Hibernate Capabilities】,如图 8-28 所示。

图 8-28　添加 Hibernate 功能 1

(2) 在弹出的对话框中按照向导的提示输入合适的内容,如图 8-29 至图 8-32 所示。可以先跳过图 8-31 的内容,在配置数据库的时候再详细配置。

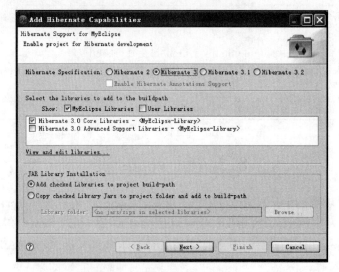

图 8-29　添加 Hibernate 功能 2

图 8-30　添加 Hibernate 功能 3

图 8-31　添加 Hibernate 功能 4

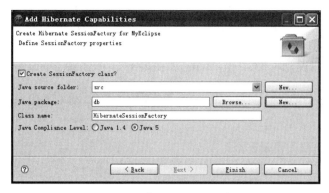

图 8-32　添加 Hibernate 功能 5

（3）切换到数据透视图 MyEclipse Database Explorer。在数据库浏览器视图的空白处右击，选择 New，如图 8-33 所示。在弹出的对话框中配置数据库连接，如图 8-34 所示。也可以在资源管理器中双击 hibernate.cfg.xml 文件进行配置。

图 8-33　新建数据库连接

图 8-34　配置数据库连接

165

第 8 章

网上售书系统的开发

（4）配置好数据库连接后，在数据库浏览器视图中将显示配置好的数据库目录结构（如图 8-35 所示）。

（5）选中数据库表，如 tbAdmin，右击，如图 8-36 至图 8-39 所示，进行数据封装。

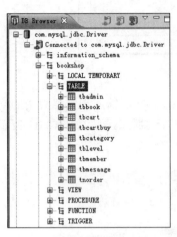

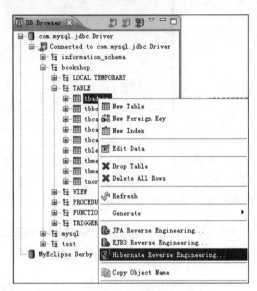

图 8-35　配置好的数据库目录结构　　　　图 8-36　Hibernate 数据封装向导 1

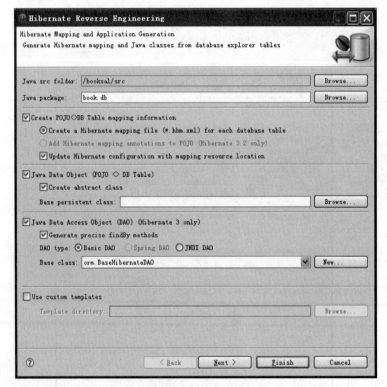

图 8-37　Hibernate 数据封装向导 2

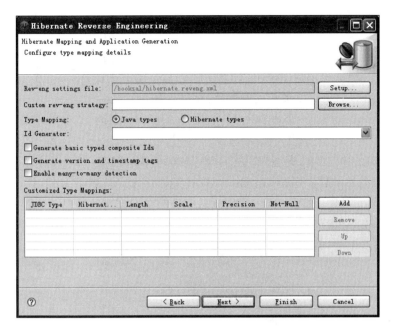

图 8-38　Hibernate 数据封装向导 3

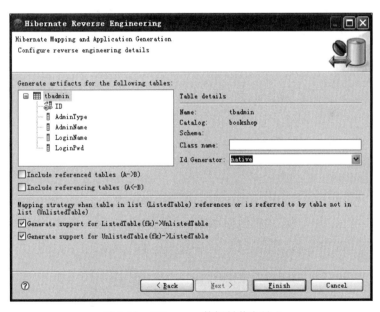

图 8-39　Hibernate 数据封装向导 4

（6）单击【Finish】按钮，切换回 MyEclipse Java Enterprise 视图，可以看见工程目录下多了一些文件。

（7）按照上面的方法用 Hibernate 框架封装全部的数据库表。

Hibernate 的使用并不复杂，核心接口共有 5 个：Session、SessionFactory、Transaction、Query 和 Configuration。

Session 接口负责执行被持久化对象的 CRUD 操作（CRUD 的任务是完成与数据库的

第 8 章

网上售书系统的开发

交流)。Hibernate 的 Session 不同于 JSP 应用中的 HttpSession。Hibernate 使用 Session 操纵数据库。

SessionFactory 接口负责初始化 Hibernate。它充当数据存储源的代理,并创建 Session 对象。一般情况下,一个项目只需要一个 SessionFactory。

Transaction 接口负责事务相关的操作,是可选操作。

Query 和 Criteria 接口负责执行各种数据库查询。它可以使用 HQL 语言或 SQL 语句。

Configuration 接口负责配置并启动 Hibernate,创建 SessionFactory 对象。在 Hibernate 的启动的过程中,Configuration 类的实例首先定位映射文档、读取配置,然后创建 SessionFactory 对象。Hibernate 使用配置文件配置数据封装信息。

本例中的 Hibernate 配置文件如下,MySQL 数据库的用户名是 root,密码是 test。

```xml
<?xml version = '1.0' encoding = 'UTF-8'?>
<!DOCTYPE hibernate-configuration PUBLIC
        "-//Hibernate/Hibernate Configuration DTD 3.0//EN"
       "http://hibernate.sourceforge.net/hibernate-configuration-3.0.dtd">
<!-- Generated by Myeclipse Hibernate Tools. -->
<hibernate-configuration>
<session-factory>
    <!选择 Hibernate2.1 的查询翻译器,在查询中使用中文-->
    <property name = "hibernate.query.factory_class">
        org.hibernate.hql.classic.ClassicQueryTranslatorFactory
    </property>
    <!C3P0 是一个开放源代码的 JDBC 连接池,Hibernate 的发行包中默认使用此连接池-->
    <property name = "hibernate.connection.provider_class">
        org.hibernate.connection.C3P0ConnectionProvider
    </property>
    <!最大连接数-->
    <property name = "hibernate.c3p0.max_size">20</property>
    <!最小连接数-->
    <property name = "hibernate.c3p0.min_size">5</property>
    <!获得连接的超时时间-->
    <property name = "hibernate.c3p0.timeout">3000</property>
    <!最大的 PreparedStatements 数量-->
    <property name = "hibernate.c3p0.max_statements">100</property>
    <!每隔120s 检查连接池的空闲连接-->
    <property name = "hibernate.c3p0.idle_test_period">120</property>
    <property name = "Myeclipse.connection.profile">mysql</property>
    <property name = "connection.url">jdbc:mysql://localhost:3306/</property>
    <property name = "connection.username">root</property>
    <property name = "connection.password">test</property>
    <property name = "connection.driver_class">com.mysql.jdbc.Driver</property>
    <property name = "dialect">
        org.hibernate.dialect.MySQLDialect
    </property>
    <mapping resource = "book/db/Tbadmin.hbm.xml" />
    <mapping resource = "book/db/TbBook.hbm.xml" />
```

```
        < mapping resource = "book/db/TbLevel.hbm.xml" />
        < mapping resource = "book/db/TbOrder.hbm.xml" />
        < mapping resource = "book/db/TbBuy .hbm.xml" />
        < mapping resource = "book/db/TbCart.hbm.xml" />
        < mapping resource = "book/db/TbMessage.hbm.xml" />
        < mapping resource = "book/db/TbCategory.hbm.xml" />
        < mapping resource = "book/db/TbUser.hbm.xml" />
    </session – factory >
</hibernate – configuration >
```

8.5.2 抽取公用文件

依据系统模块结构图和详细设计说明,抽取系统中多个模块的相同子功能,建立系统公用文件,可以做到减少总代码量,避免重复开发,保持系统实现风格统一,以及增强可修改性。

(1) 公用文件 ConnectDB.java,用于连接数据库,重写 executeQuery 方法。MySQL 用户名为 root,密码为 test,数据库名为 bookshop,MySQL 服务端口号为 3306,MySQL 驱动为 com.mysql.jdbc.Driver。

```
package book.common;
import java.sql. * ;
public class ConnectDB
{
    String sDBDriver = " com.mysql.jdbc.Driver";
    String sConnStr = " jdbc:mysql://localhost:3306/bookshop";
    Connection conn = null;
    Statement stmt = null;
    ResultSet rs = null;
public void Connection getConnect(){
    try {
        Class.forName(sDBDriver);
        Connection conn = DriverManager.getConnection(sConnStr,"root"," test");
    } catch (Exception e) {
        e.printStackTrace();
    }
}
public ResultSet executeQuery(String sql) {
    rs = null;
    try {
        stmt = conn.createStatement();
        rs = stmt.executeQuery(sql);
    } catch (SQLException ex) {
        ex.printStackTrace();
    }
    return rs;
}
public void close() {
```

网上售书系统的开发

```
        try {
            if (stmt != null) {
                stmt.close();
                stmt = null;
            }
            if (conn != null) {
                conn.close();
            }
        } catch (Exception e) {
        }
    }
}
```

（2）公用文件 Const.java，用于定义项目中需要的全部字符串常量，均为 public static 类型。

```
package book.common;
public class Const{
…
public static String CART_ADD_SUC_KEY = "cart.add.suc";
…
}
```

（3）公用文件 CharacterEncodingFilter.java，实现 Filter 接口，用于处理字符编码。

```
public class CharacterEncodingFilter implements Filter {
    String encoding = null;
    FilterConfig filterConfig = null;
    /** 初始化 */
    public void init(FilterConfig filterConfig) throws ServletException {
        this.filterConfig = filterConfig;
        this.encoding = filterConfig.getInitParameter("encoding");
    }
    /** doFilter 方法 */
    public void doFilter(ServletRequest request, ServletResponse response,
            FilterChain chain) throws IOException, ServletException {
        if (encoding!= null){
            request.setCharacterEncoding(encoding);
        }
        chain.doFilter(request, response);
    }
    public void destroy() {
        this.encoding = null;
        this.filterConfig = null;
    }
}
```

在 web.xml 中进行配置：

```
<filter>
    <filter - name> CharacterEncodingFilter </filter - name>
<filter - class> book. common. CharacterEncodingFilter </filter - class>
    <init - param>
        <param - name> encoding </param - name>
        <param - value> GB2312 </param - value>
    </init - param>
</filter>
```

8.5.3 CSS 文件

网站的开发对页面的要求是很高的,既要美观、布局合理,又要符合用户使用的习惯,易于用户操作。众多页面的每一页都包含格式设置,必然导致 JSP 文件代码量巨大,因此,必须使用 CSS 文件来实现布局和格式控制。

本例中的所有页面的布局和页面的元素显示格式设计使用 CSS 文件 CSS 文件代码。

8.5.4 前台页面的开发

在开发过程中,详细设计过程中的每一个页面都要对应一个实际的 JSP 页面。页面上元素位置的确定可以使用 HTML 表格来实现。在"前台管理"的各个页面中,导航栏、搜索功能和登录用户的信息存在于大部分的页面中并拥有完全相同的功能,页面布局可以使用表格来实现。

注意:JSP 页面主要用来显示页面元素,页面中涉及的功能处理要调用 action 来处理。例如,< html:form action = "/login. do? method = login">,登录业务的处理调用 login action(在 struts 配置文件中定义)的 login 方法实现。

(1) 以下代码实现"登录成功,显示用户账户名和检索功能"。

```
<logic:present name = "user">
<TABLE cellSpacing = 0 cellPadding = 0 width = "100 %" border = 0>
    <TR align = "center">
        <TD class = "text">
<bean:message key = " user. loginUser" arg0 = " $ {user. loginName}" />
        </TD>
        <TD align = "center">
            <html:button property = "btn" onclick = "logout()">
            <bean:message key = "user. logout" />
</html:button>
        </TD>
        <TD width = "80"></TD>
        <TD align = "right">
<INPUT id = "qKey" name = "qKey" value = "检索图书" onClick = "this. value = ''">
            <A href = "javascript:Search()">
<IMG src = "images/searchImg. gif" align = "middle" border = "0">
            </A>
        </TD>
```

```
</TR>
</TABLE>
</logic:present>
```

（2）以下代码实现"未登录，显示登录输入文本框和检索功能"。

```
<logic:notPresent name = "user">
<html:javascript formName = " userLoginForm" />
<html:form action = "/login.do?method = login" style = "margin:0px;"
                        onsubmit = "return validateUserLoginForm(this);">
<TABLE cellSpacing = 0 cellPadding = 0 width = "100%" border = 0 >
    <TR align = "left">
        <TD align = "left" class = "text">
<bean:message key = "user.login" />:
<html:text property = "loginName" size = "10" styleClass = "textBox" />
        </TD>
        <TD align = "left" class = "text">
<bean:message key = " user.pwd" />:
<html:password property = "loginPwd" size = "10" styleClass = "textBox" />
        </TD>
        <TD align = "left" class = "UserRegster" align = "right">
            <html:submit><bean:message key = " user.login.text" /></html:submit>
            <html:button property = "btn" onclick = "reg()">
<bean:message key = "user.reg.text" /></html:button>
        </TD>
        <TD width = "80"></TD>
        <TD align = "right">
<INPUT id = "qKey" name = "qKey" value = "检索图书" onClick = "this.value = ''">
            <A href = "javascript:Search()">
<IMG src = "images/searchImg.gif" align = "middle" border = "0">
            </A>
        </TD>
    </TR>
</TABLE>
</html:form>
</logic:notPresent>
```

（3）以下代码实现"导航栏菜单"。

```
<TABLE cellSpacing = 0 cellPadding = 0 width = "100%" border = 0 >
    <TR align = "center">
        <TD valign = "top" bgcolor = "#ff0000" width = "8"></TD>
        <TD bgcolor = "#ff0000" valign = "middle">
            <A href = "book.do?method = browseBook">
<span class = "text"><bean:message key = "navigator.item1" /></span>
            </A>
        </TD>
        <TD bgcolor = "#ff0000" width = "8"></TD>
        <TD bgcolor = "#ff0000" valign = "middle">
```

```
< A href = "cart.do?method = browseCart"> < span class = "text">
< bean:message key = "navigator.item2" /> </span>
</A>
          </TD>
          < TD bgcolor = "#ff0000" width = "8"> </TD>
           < TD bgcolor = "#ff0000" valign = "middle">
              < A href = "order.do?method = browseOrder">
< span class = "text"> < bean:message key = "navigator.item3" />
              </span>
              </A>
          </TD>
          < TD bgcolor = "#ff0000" width = "8"> </TD>
          < TD bgcolor = "#ff0000" valign = "middle">
              < A href = "user.do?method = loadUser">
< span class = "text"> < bean:message key = "navigator.item4" />
              </span>
              </A>
          </TD>
</TABLE>
```

在上例中使用到以下几个 struts 标签。

< logic:present >：用于判断指定的对象是否存在。

< logic:iterate >：在 Logic 标记库中进行循环遍历,可以根据特定的集合中的元素的个数,对标记体中的内容进行反复的遍历查询,用来在 JSP 中显示集合中的数据。

< bean:message >：用于进行国际化信息输出的标记,可以显示资源文件中的文本信息。使用< bean:message >,要使用到资源文件,因此,要在 struts 框架默认的资源文件 ApplicationResources.properties 中添加对应标签的内容(可以在 MyEclipse 的包资源管理器中双击该文件,使用编辑器中的【Add】按钮完成添加),如导航栏的信息:

```
navigator.item1 = 首页
navigator.item2 = 购物车
navigator.item3 = 我的订单
navigator.item2 = 信息维护
```

使用 struts 标签要在 struts-config.xml 中进行配置:

```
<! -- struts 标签库配置 -->
< jsp - config >
    < taglib >
        < taglib - uri >/struts - bean </taglib - uri >
        < taglib - location >/WEB - INF/tld/struts - bean.tld </taglib - location >
    </taglib>
    < taglib >
        < taglib - uri >/struts - html </taglib - uri >
        < taglib - location >/WEB - INF/tld/struts - html.tld </taglib - location >
    </taglib>
```

```
    <taglib>
        <taglib-uri>/struts-logic</taglib-uri>
        <taglib-location>/WEB-INF/tld/struts-logic.tld</taglib-location>
    </taglib>
</jsp-config>
```

8.5.5 后台页面的开发

详细设计中的"后台管理"的每一个页面也要对应一个实际的 JSP 页面。"后台管理"的页面设计,将左侧的树状列表使用一个框架文件实现,使用框架文件内的可变部分来显示不同的功能页面。

8.5.6 应用程序的结构

(1) src/book.common 包——公用文件。

(2) src/book.db 包——Hibernate ORM 对象。

(3) src/book.service 包——每个模块对应一个接口文件,并实现接口。为每个模块定义需要的通用的服务方法(适用于前台操作和后台操作)。例如,图书管理,既涉及前台管理中的操作,又涉及后台管理中的处理,可以定义既适用于前台又适用于后台操作的接口,给予不同参数的方法实现。

网上售书系统中共有管理员 service、购物车 service、图书 service、会员 service、订单 service、促销 service 6 个接口,每个接口都对应有一个 Java 类实现接口中的方法。

(4) src/book.struts 包——struts 资源文件 ApplicationResources.properties。

(5) src/book.struts.action 包——前台、后台管理的各个处理 action,这些 action 要在 struts-config.xml 中进行配置。

(6) src/book.struts.form 包——前台各个页面的 form bean,这些 ActionForm 要在 struts-config.xml 中进行配置。

(7) src/hibernate.cfg.xml——Hibernate 配置文件。

(8) Reference Libraries——struts 框架 jar 包和 MySQL 数据库驱动 mysql-connector-java-5.0.0.jar。

(9) WebRoot/Admin——后台管理各个页面。

(10) WebRoot/CSS——网站 CSS 文件。

(11) WebRoot/images——网站前、后台页面制作需要的图片。

(12) WebRoot/book——所有图书对应的图片。

(13) WebRoot/JS——js 脚本文件 cookies.js,定义设置、获取和删除 cookie 的 js 脚本。

(14) WebRoot/ WEB-INF/ menu-config.xml——struts-menu 插件配置文件。

(15) WebRoot/ WEB-INF/ struts-config.xml——struts 配置文件。

(16) WebRoot/ WEB-INF/ validation.xml——struts validator 框架的配置文件,用户自定义,描述 ActionForm 所使用的 validator-rules.xml 文件中的有效性验证规则,使得可以不将验证逻辑硬编码在 ActionForm 的内部。

(17) WebRoot/ WEB-INF/ validator-rules.xml——struts validator 框架的配置文件,

一般不需要用户自己开发。

(18) WebRoot/ WEB-INF/ web. xml——应用程序配置文件。

(19) WebRoot/ WEB-INF/ ∗∗∗.jsp——网站前台各个页面。

8.5.7　程序开发说明

下面以前台各个页面中的"搜索"为例,说明应用程序的开发步骤,详细源代码见随书光盘。

图书搜索的基本功能是输入页面上的"检索图书",单击"搜索"按钮,转发至结果页面。除了在 JSP 页面设计中设置"检索图书"文本框和按钮,还要给出以下描述。

(1) 图书搜索的结果是图书,因此首先要开发图书表单的 ActionForm 组件 BookForm. java。

```
package book. struts. form;
import javax. servlet. http. HttpServletRequest;
…
public class BookForm extends ValidatorForm {
    private String CID;
    private String BName;
    private Double price;
    private FormFile PicPath;
    private String Press;
    private String PressDate;
    private String BDesc;
    public ActionErrors validate(ActionMapping mapping, HttpServletRequest request) {
        return null;
    }
    public void reset(ActionMapping mapping, HttpServletRequest request) {
    }
    public String getCID() {
        return CID;
    }
    public void setCID (String CID) {
        this. CID = CID;
    }
    public String get BName () {
        return BName;
    }
    public void set BName (String BName) {
        this. BName = BName;
    }
    public Double getPrice () {
        return price;
    }
    public void setPrice (Double price) {
        this. price = price;
    }
```

```
    public FormFile getPicPath () {
        return PicPath;
    }
    public void setPicPath (FormFile PicPath) {

        this. PicPath = PicPath;
    }
    public String getPress () {
        return Press;
    }
    public void setPress (String Press) {
        this. Press = Press;
    }
    public String getPressDate () {
        return PressDate;
    }
    public void setPressDate (String PressDate) {
        this. PressDate = PressDate;
    }
    public String getBDesc () {
        return BDesc;
    }
    public void setBDesc (String BDesc) {
        this. BDesc = BDesc;
    }
}
```

（2）整个程序对每个模块制作一个接口文件，前、后台相同主题的模块接口文件合并开发。图书搜索需要填写图书接口文件 BookService. java。在这里定义 getReqBook 方法，用指定的查询语句检索并返回图书记录；定义 countRecord 方法获取检索记录的数目。

```
package book. service;
import java. util. * ;
import book. db. * ;
public interface BookService {
…
    public List getReqBook (String hql) throws Exception;
    public int countRecord(String hql) throws Exception;
…
}
```

（3）书写文件 BookServiceImpl 实现 BookService 接口里的方法。

```
package book. service;
…
import org. hibernate. * ;
import book. db. * ;
…
```

```
public List getReqBook (String hql) throws Exception {
    List list = new ArrayList();
    try {
        ConnectDB db = new ConnectDB();
        db.getConnect ();
        ResultSet rs = db.executeQuery(hql);
        while (rs.next()) {
            TbBook book = new TbBook();
                int id = Integer.parseInt(rs.getString("ID"));
                book.setId(id);
                book.setBName(rs.getString("BName"));
                book.setPress (rs.getString("Press"));
                double p = Double.parseDouble(rs.getString("Price"));
                book.setPrice(p);
                book.setPicture(rs.getString("PicPath"));
                book.setBDesc (rs.getString("BDesc"));
                list.add(book);
            }
        }
        catch (Exception e) {
            System.out.print("get data error!");
            e.printStackTrace();
        }
    return list;
}
public int countRecord(String hql) throws Exception {
    int count = 0;
    try {
        ConnectDB db = new ConnectDB();
        db.getConnect ();
            ResultSet rs = db.executeQuery(hql);
            while (rs.next()) {
                count = Integer.parseInt(rs.getString("m"));
            }
        }
        catch (Exception e) {
            e.printStackTrace();
        }
    return count;}
}
```

（4）写 struts 组件 BookAction，实现搜索功能。

本例中的 Action 使用 DispatchAction 实现。DispatchAction 继承自 Action 类，是一个抽象类，解决使用一个 Action 处理多个操作的能力。可以用一个 Action 类，封装一套类似的操作方法，减少类的数目。DispatchAction 在配置上与标准的 Action 稍有不同，要在 Action 配置中多一个 parameter 属性，这个属性将指引 DispatchAction 找到对应的方法。在 struts 配置文件中：

```
< action
path = "/test"
type = "org. apache. struts. actions. DispatchAction"
name = "testForm"
scope = "request"
input = "/next. jsp"
parameter = "method"/>
```

parameter 的属性值任意,在传参数的时候作为指定方法的关键字。例如,某类包含两个方法: Search ()和 Select()。调用 Search()方法时,URL 应该为: test. do? method = Search。

```
package book. struts. action;
import java. util. * ;
import javax. servlet. http. * ;
import org. apache. struts. action. * ;
import book. db. * ;
import book. service. * ;
public class BookAction extends DispatchAction{
…
    public ActionForward searchBook(ActionMapping mapping, ActionForm form,
            HttpServletRequest request, HttpServletResponse response) {
        List bookList = null;
        BookService service = new BookServiceImpl();
        int pageNo = 1;
        int pageSize = 10;
        int totals = 0;
        int totalPages = 0;
        if (request. getParameter("pageNo")!= null)pageNo =
Integer. parseInt(request. getParameter("pageNo"));
        try{
            String hql = "select * from TbBook a";
            String sql = "select count( * ) m from TbBook a";
            // action 用于将请求转发至/search. jsp 页面,在/search. jsp 中使用
            String action = "book. do?method = searchBook";
            String key = request. getParameter("qkey");
            if (key!= null){
                key = new String(key. getBytes("ISO8859 - 1"),"gb2312");
                request. setAttribute("key", key);
                hql = hql + " where a. BName like '% " + key + " % '";
                sql = sql + " where a. BName like '% " + key + " % '";
                action = action + "key = " + key + "&";
            }
            request. setAttribute("action", action);
            bookList = service. getReqBook (hql);
            totals = service. countRecord(sql);
            if (bookList!= null&&bookList. size()> 0)
                request. setAttribute("bookList", bookList);
```

```
                totalPages = totals / pageSize;
                if ((totals % pageSize)> 0) totalPages++;
                request.setAttribute("totals",new Integer(totals).toString());
                request.setAttribute("totalPages",new Integer(totalPages).toString());
                request.setAttribute("pageNo",new Integer(pageNo).toString());
            }catch(Exception ex){
                    ex.printStackTrace();
            }
            return mapping.findForward("searchBook");
        }
        ...
    }
```

（5）在 struts 配置文件 struts-config. xml 中配置 BookAction，指定执行成功转发到 /search. jsp。

```
< form - beans >
...
    < form - bean name = "BookForm" type = "book. struts. form. BookForm " />

...
</ form - beans >
...
    < action
        parameter = "method"
        path = "/book"
        type = "book. struts. action. BookAction">
...
        < forward name = "searchBook" path = "/search. jsp" />
...
    </ action >
```

（6）在 JSP 页面中调用 action。

```
...
< script type = "text/javascript">
    function Search(){
        var url = "book. do?method = searchBook&";
        var key = document. all. qKey. value;
        if (key != null && key!= "检索图书" && key. length > 0) url = url + "key = " + key;
        window. location = url;
    }
```

8.6　软件测试与维护

1. 测试

网站的功能测试比一般的系统要复杂。作为软件工程实践的内容，前台测试最基本的要求是能够满足详细设计中的每一个要求。在此基础上,应该按照需求说明书和总体设计结论设计一些边界值和错误值,进行黑盒测试,为全部的功能设计测试用例,并填写测试报告。功能测试的同时要兼顾网站的响应时间是否可以接受。

后台管理的单独测试与普通的系统相同,按照需求说明书和总体设计,对每个功能模块选取正确值、边界值和错误值设计测试用例并书写报告。

后台管理的单独测试结束后要与前台网页进行联合测试,确认后台管理功能是否正确以及后台管理对前台功能的影响。通过测试的程序才能够投入使用。

2. 运行与维护

经过测试,系统运行稳定,在使用和维护中应该注意以下 3 个问题:

(1) 定期备份数据库,以免丢失数据。

(2) 定期清理数据库中的无效数据,以提高运行效率。

(3) 对软件及运行环境进行日常维护。

8.7　本章小结

网站的开发比较多地关注页面的美观性和页面布局,对 CSS 文件的要求较高。网站的 JSP 代码也比对页面要求不高的信息系统要复杂得多,往往还要涉及脚本程序。建议读者在读懂本例的基础上,自己设计添加一个收藏夹的功能,锻炼开发能力,也可以更好地完善网上售书系统的功能。

第9章 教务管理系统的开发

本章以教务管理系统为主线,按照软件工程的面向对象方法进行系统开发,包括面向对象的分析,建立用例模型、交互图和类模型;使用类模型得到数据库模式;面向对象的设计,设计软件体系结构和软件类,设计人机交互界面;根据设计结果使用面向对象的语言编程。整个过程清晰地呈现了面向对象方法的实际应用过程和涉及的问题。

9.1 问 题 分 析

教务管理是高校必不可少的管理内容,烦琐、复杂而准确度要求很高。随着高校扩招和信息化的进程,教务管理日趋复杂,尤其是选课、排课和成绩管理,传统的手工管理显然无法适应现代管理的需求。教务管理也是本科生比较熟悉的一个业务领域。高校教务管理业务涉及很多复杂方面的内容,本章选取一个基本的选课业务作为出发点,围绕选课业务所涉及的业务内容开发一个简单的教务选课系统。基于上述场景,教务系统业务包括如下内容。

(1)学生管理:系统管理员对学生基本情况进行登记、删除和修改。学生可以查看自己的信息。

(2)教师管理:系统管理员对所有专职教师信息进行登记、删除和修改,包括教师任课信息。教师可以查看自己的信息。

(3)课程管理:系统管理员对本校所有开过课程和新开课程进行登记、删除和修改。

(4)选课管理:每学期开学以前要进行学生选课工作。学生可以在所有开设课程中,选择自己尚未选择的课程。

(5)成绩管理:期末考试结束后,教师登录学生成绩,各学院(系)将学生成绩结果报教务处。学生可以查看自己的成绩。

9.2 可行性研究

在进行项目的实际开发前,要进行可行性研究,目的是以最小的代价在短时间内确定软件项目是否值得开发,是否可以实现。对教务管理系统,下面简单地从经济可行性、技术可行性和社会可行性三个方面来论证。

1. 经济可行性

(1)随着信息化水平的提高,高校里大量的数据由人工管理逐渐转为计算机管理,教务管理数据也不例外。计算机管理系统可以解决繁重的手工劳动,提高效率,降低出错率,尤其对于选课和学生成绩的处理,节省了时间。

（2）由于软件开发需要一定的时间，如果开发时间较长，可能会出现软件系统完成时，需求的管理模式与最初提出的相差很大的情况。就目前的平均软件水平而言，开发一个简单的教务管理系统，从问题提出到系统投入使用，时间可以限定在两个月之内，系统切换时间可以选择在假期，不会影响到高校教务的正常业务。

（3）从软件角度分析，可以选用 SQL Server 2000 和普通的开发工具，对操作系统也无特殊要求，教务管理系统的软件建造花费并不高；从硬件角度分析，一般高校原有的网络配置都可以满足要求。

综上所述，开发教务管理系统在经济上是可行的。

2. 技术可行性

在开发风险方面，因开发费用较低，软、硬件要求都不高，开发周期短，并且现有技术也比较成熟，故开发风险较低。

教务管理系统可以运行在 Windows 和 UNIX 操作系统上，要求能够完成教务管理系统的业务功能和较快的响应性能。在开发技术方面，教务管理系统选择面向对象的分析和设计方法，实现基于的 Java 技术在技术上可行。

综上所述，开发教务管理系统在技术上是可行的。

3. 社会可行性

教务管理业务计算机化后，管理模式变化不大，可以保留原有的管理模式，系统投入运行后，只涉及部分管理内容工作量的降低，不会削减工作岗位；并且系统使用简单、直观，不需要用户掌握复杂的技术和方法。

综上所述，开发教务管理系统具备社会可行性。

9.3 面向对象的分析

9.3.1 建立用例模型

根据问题分析的业务描述，得到系统用例图如图 9-1 所示。每个用例规约如表 9-1 至表 9-9 所示。

表 9-1 "身份验证"用例规约

用例名称：	身份验证
用例 ID：	P1
参与者：	使用系统的任何角色
用例说明：	身份验证
前置条件：	无
主事件流：	1. 用户输入用户名、密码，选择用户类型 2. 检索用户信息库 （1）若输入信息不正确，执行 A1 （2）若输入信息正确，执行 3 3. 登录到系统管理页面首页
备选事件流：	无
异常事件流：	A1：提示"输入的信息不正确"
后置条件：	打开系统管理页面首页，记录用户类型

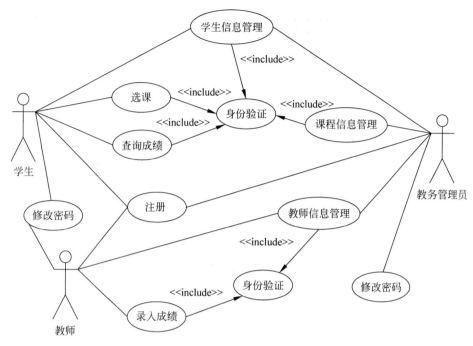

图 9-1　系统用例图

表 9-2　"注册"用例规约

用例名称：	注册
用例 ID：	P2
参与者：	使用系统的任何角色
用例说明：	注册用户信息
前置条件：	无
主事件流：	1. 用户输入注册用户名、密码和用户类型 2. 选择注册功能 (1) 若该用户已经存在，执行 A1 (2) 若该用户不存在，执行 3 3. 将用户数据写入数据库中
备选事件流：	无
异常事件流：	A1：提示"该用户已经存在"
后置条件：	用户信息被正确更新

表 9-3　"修改密码"用例规约

用例名称：	修改密码
用例 ID：	P3
参与者：	使用系统的任何角色
用例说明：	修改用户密码
前置条件：	身份验证通过

教务管理系统的开发

主事件流：	1. 用户输入原密码和新密码
	2. 选择修改密码功能
	(1) 若密码超过长度限制，执行 A1
	(2) 若密码未超过长度限制，执行 3
	3. 将用户密码更新至数据库中
备选事件流：	无
异常事件流：	A1：抛出数据异常
后置条件：	用户密码信息被正确更新

表 9-4　"学生信息管理"用例规约

用例名称：	学生信息管理
用例 ID：	P4
参与者：	系统管理员、学生
用例说明：	系统管理员添加、删除、修改全部学生信息
	学生可以查看自己的信息
前置条件：	身份验证通过
主事件流：	1. 添加学生记录
	(1) 输入学生的学号和姓名
	(2) 选择提交功能
	① 若该生学号已经存在，执行 A1
	② 若该生学号不存在，执行(3)
	(3) 学生信息更新至数据库中
	2. 删除学生记录
	(1) 选中学生学号，选择删除功能
	(2) 删除该生记录
	3. 修改学生记录
	(1) 选中学生学号，修改学生姓名，选择修改功能
	(2) 更新数据库中记录
	4. 查询学生记录
	(1) 判断如果当前用户是系统管理员，显示全部学生记录
	(2) 判断如果当前用户是学生，显示本人记录
备选事件流：	无
异常事件流：	A1：该生已经存在
后置条件：	学生基本信息被正确更新

表 9-5　"课程信息管理"用例规约

用例名称：	课程信息管理
用例 ID：	P5
参与者：	系统管理员
用例说明：	系统管理员添加、删除、修改全部课程信息
前置条件：	身份验证通过

主事件流:	1. 添加课程记录 (1) 输入课程编号和名称 (2) 选择提交功能 ① 若该课程编号已经存在,执行 A1 ② 若该课程编号不存在,执行(3) (3) 将课程信息添加至数据库中 2. 删除课程记录 (1) 选中课程编号,选择删除功能 (2) 删除该课程记录 3. 修改课程 (1) 在下拉列表中选中待修改的课程,在另一个下拉列表中选择任课教师 (2) 更新数据库教师任课记录
备选事件流:	无
异常事件流:	A1：课程已经存在
后置条件:	课程基本信息被正确更新

表 9-6　"教师信息管理"用例规约

用例名称:	教师信息管理
用例 ID:	P6
参与者:	系统管理员、教师
用例说明:	系统管理员添加、删除、修改全部学生信息 教师可以查看自己的信息
前置条件:	身份验证通过
主事件流:	1. 添加教师记录 (1) 输入教师的编号和姓名 (2) 选择提交功能 ① 若该教师编号已经存在,执行 A1 ② 若该教师编号不存在,执行(3) (3) 将教师信息添加至数据库中 2. 删除教师记录 (1) 选中教师编号,选择删除功能 (2) 删除该教师记录 3. 修改教师记录 (1) 选中教师编号,修改教师姓名,选择修改功能 (2) 更新数据库中记录 4. 查询教师记录 (1) 判断如果当前用户是系统管理员,显示全部教师记录 (2) 判断如果当前用户是教师,显示本人记录
备选事件流:	无
异常事件流:	A1：该教师编号已经存在
后置条件:	教师基本信息被正确更新

表 9-7 "选课"用例规约

用例名称：	选课
用例 ID：	P7
参与者：	系统管理员、学生
用例说明：	学生选课、系统管理员可以删除选课记录
前置条件：	身份验证通过
主事件流：	1. 选课 (1) 页面上列出全部的课程 (2) 选择 0 至多个课程，提交 ① 若该生已经选过该门课程，执行 A1 ② 若该生未选过该门课程，执行(3) (3) 将选课信息添加至数据库中 2. 删除选课记录 (1) 判断当前用户为系统管理员，提供删除功能 (2) 删除选中的选课记录 3. 查看选课记录 学生本人查看自己所选全部课程
备选事件流：	无
异常事件流：	A1：已经选过该课程
后置条件：	选课信息被正确更新

表 9-8 "录入成绩"用例规约

用例名称：	录入成绩
用例 ID：	P8
参与者：	系统管理员、教师
用例说明：	教师录入成绩、系统管理员可以删除记录
前置条件：	身份验证通过
主事件流：	1. 录入成绩 (1) 判断当前用户为教师，提供保存成绩功能 (2) 在列表中选择课程，提交 (3) 录入对应的学生成绩，选择保存成绩功能 (4) 更新数据库记录 2. 删除选课记录 (1) 判断当前用户为系统管理员，提供删除功能 (2) 删除选中的成绩记录
备选事件流：	无
异常事件流：	无
后置条件：	成绩信息被正确更新

表 9-9 "查询成绩"用例规约

用例名称：	查询成绩
用例 ID：	P9
参与者：	任何用户
用例说明：	查看学生成绩

前置条件：	身份验证通过
主事件流：	1. 输入学生姓名，选择提交 2. 查询该生全部课程的成绩
备选事件流：	无
异常事件流：	无
后置条件：	无

9.3.2 建立类模型

本系统中的实体类共有 5 个：用户、学生、课程、教师、成绩。教务管理系统的类图如图 9-2 所示。

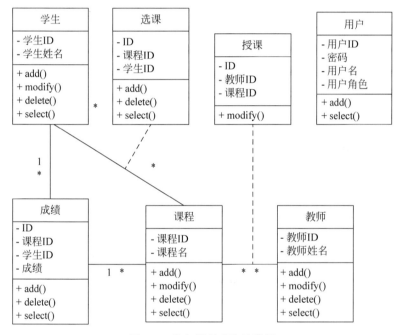

图 9-2 教务管理系统的类图

9.3.3 创建顺序图

有了用例图和用例规约，可以对系统有一个初步的了解，为了更加全面地掌握系统的处理流程，下一步可以选用顺序图描述系统的处理顺序。对每个用例或者相关的几个用例可以创建一个顺序图。在本系统中，除了身份验证、修改密码、查询成绩用例外，其余用例涉及的主要内容就是对信息的管理（增加、删除、修改）操作。因为都是同类的处理，所以这里只对学生基本信息管理用例和选课管理创建顺序图，可以用它来理解其他的用例处理过程。

学生信息管理顺序图如图 9-3 所示，选课管理顺序图如图 9-4 所示。

教务管理系统的开发

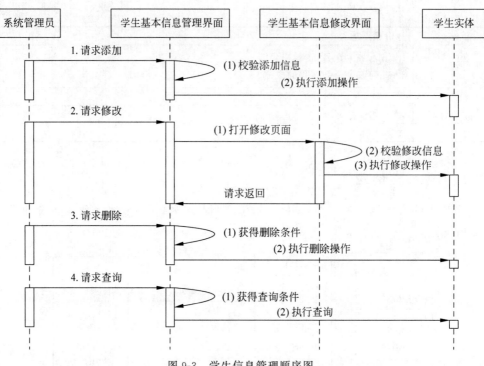

图 9-3　学生信息管理顺序图

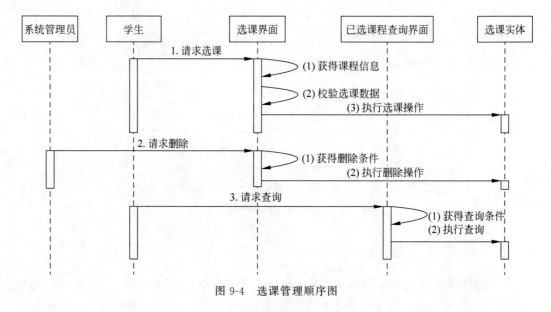

图 9-4　选课管理顺序图

9.4　数据库设计

数据库设计是在 DBMS 的支持下,按照应用的要求设计出合理的数据库结构。由于采用了面向对象的开发方法,这里给出类模型到关系模型的转化过程。本系统采用 SQL Server 2000 数据库,系统数据库名称:教务信息库;标志:jwglxt。

9.4.1　类模型到关系模型的转化

对 9.3.3 节得到的类模型进行分析,有用户、学生、课程、教师、成绩 5 个实体类。考虑到实际应用中,教师和所授课程变化频率较高,因此,将关联类授课作为一个单独的关系模式,用来描述教师和所授课程的关系。选课变化频率较高,将关联类选课也作为一个单独的关系模式。其余各个实体类分别映射成数据库中的关系模式。

9.4.2　数据库结构

(1) 表名:用户信息表(如表 9-10 所示)。

标志:SystemUser。

表 9-10　用户信息表

字　段　名	是否为主键	类　　型	长　度	是否允许为空	备　注
ID	是	int		否	用户 ID
password	否	nvarchar	20	是	密码
username	否	nvarchar	20	是	用户名
userrole	否	nvarchar	20	是	用户角色

(2) 表名:学生信息表(如表 9-11 所示)。

标志:Student。

表 9-11　学生信息表

字　段　名	是否为主键	类　　型	长　度	是否允许为空	备　注
studentId	是	int		否	学生 ID
studentName	否	nvarchar	20	否	学生姓名

(3) 表名:课程信息表(如表 9-12 所示)。

标志:Course。

表 9-12　课程信息表

字　段　名	是否为主键	类　　型	长　度	是否允许为空	备　注
courseId	是	int		否	课程 ID
courseName	否	nvarchar	20	是	课程名

(4) 表名:教师信息表(如表 9-13 所示)。

标志:Teacher。

表 9-13　教师信息表

字　段　名	是否为主键	类　　型	长　度	是否允许为空	备　注
teacherId	是	int		否	教师 ID
teacherName	否	nvarchar	20	是	教师姓名

（5）表名：成绩表（如表 9-14 所示）。

标志：Mark。

表 9-14　成绩表

字　段　名	是否为主键	类　　型	长　　度	是否允许为空	备　　注
markId	是	int		否	ID
courseId	否	int		否	课程 ID
studentId	否	int		是	学生 ID
score	否	int		是	成绩

（6）表名：教师授课表（如表 9-15 所示）。

标志：TeachCourse。

表 9-15　教师授课表

字　段　名	是否为主键	类　　型	长　　度	是否允许为空	备　　注
id	是	int		否	ID
courseId	否	int		否	课程 ID
teacherId	否	int		是	教师

（7）表名：选课表（如表 9-16 所示）。

标志：ChooseCourse。

表 9-16　选课表

字　段　名	是否为主键	字 段 类 型	长　　度	是否允许为空	备　　注
ID	是	Int	4	否	ID
studentId	否	Int	4	否	学生 ID
courseId	否	Int	4	否	课程 ID

9.5　面向对象的设计

9.5.1　设计软件类

1. 实体类

在 OOA 阶段得到的类图中的类都是实体（关联）类，包括用户实体、学生实体、课程实体、教师实体（教师信息和教师任课信息）、成绩关联、授课关联、选课实体。每个实体类在实现的时候要对应一个数据对象。

2. 边界类

由用例模型可知，每个用例实现要对应一个页面，也就是对应一个边界类。其中，"选课"用例要对应选课和查看选课结果两个页面。在系统实现中，每个边界类要对应一个页面，如果使用 JSP 制作页面，那么每一个边界类要对应一个 .jsp 文件。考虑到再添加一个系统的首页，本系统的边界类有：

- login.jsp——用户登录边界类。

- modifypassword.jsp——修改密码。
- reg.jsp——注册。
- index.jsp——系统首页。
- studentmessage.jsp——学生信息管理。
- modifyStudent1.jsp——学生信息修改。
- teachcourse.jsp——教师信息管理。
- teachcourse_modify1.jsp——课程信息修改。
- course.jsp——课程信息管理。
- selectcourse.jsp——选课管理。
- finishcourse.jsp——查看选课结果页面。
- studentmark_input.jsp——录入学生成绩。
- studentscore.jsp——学生成绩查询。

3. 控制类

控制类的作用是控制每个程序的流程和程序的执行状态,而本身尽量不要完成业务功能,通过对各个组件的调度完成整个的应用程序。为每个用例实现建立一个控制类,控制用例实现过程的程序流程。原系统共有 9 个用例,那么需要对应 9 个控制类,由于控制类的实现方式取决于编程使用的程序框架和程序结构,因此在设计阶段不给出控制类的文件名。系统的 9 个控制类如下。

(1) 登录控制类——接收登录请求,控制登录过程的执行状态,调用模型,得到处理结果,转发请求给 index.jsp。

(2) 修改密码控制类——接收修改密码请求,控制修改密码的执行状态,调用模型,modifypassword.jsp。

(3) 注册控制类——接收注册请求,控制注册的执行状态,调用模型,更新数据库,转发请求给 reg.jsp。

(4) 学生信息管理——接收请求,控制学生信息管理的执行状态,调用模型,得到处理结果,转发请求给 studentmessage.jsp。

(5) 教师信息管理——接收请求,控制教师信息管理的执行状态,调用模型,得到处理结果,转发请求给 teachcourse.jsp。

(6) 课程信息管理——接收请求,控制课程信息管理的执行状态,调用模型,得到处理结果,转发请求给 course.jsp。

(7) 选课管理——接收请求,控制选课的执行状态,调用模型,得到处理结果,转发请求给 selectcourse.jsp。

(8) 录入成绩——接收请求,控制录入成绩的执行状态,调用模型,得到处理结果,转发请求给 studentmark_input.jsp。

(9) 成绩查询——接收请求,控制查询成绩的执行状态,调用模型,得到处理结果,转发请求给 studentscore.jsp。

9.5.2 设计软件体系结构

本系统采用 MVC 设计模式搭建程序结构,模型用来完成对业务逻辑的封装;控制器控制各个程序流程,也就是上一步设计的控制类的实现;视图用来显示页面,也就是上一步设计的边界类的实现。

模型部分除了包含对上一步设计的实体类的属性封装外,还需要实现实体类对应的各个方法。对全部的业务功能进行分类,设计各个业务 Bean 如下。

1. choosecourseService. java

用于处理选课业务,包含下面的方法:

- student_showcourse()——显示目前已开设的课程。
- insertchooseCourse(String studentname, String [] coursename)——插入一条选课记录。
- finishCourse(String studentname)——查询已选课程。

2. operateService

实现用户的相关操作业务,包含下面的方法:

- register(String username,String userrole,String password)——分配注册账号。
- getUserById(String user_id)——根据用户 ID 查询相关记录。
- getUserOne(String user_name,String user_password,String user_role)——根据用户密码、账号、名字查询相关记录。

3. scoreoperationService

实现成绩相关的操作,包含下面的方法:

- student_core_view(String student_name)——根据传过来的参数,查询某学生成绩。
- student_core_save(String []student_id,String []core,String lession_id)——录入学生成绩。
- get_class_lession_student()——查询学生表 ID 和学生姓名。

4. studentopreateService

实现学生信息管理相关的业务,包含下面的方法:

- studentAddone(String student_name)——在学生表中添加一个学生,如果这个学生表中已存在,则不插入。
- select_All_student()——查询学生表中所有学生记录。
- student_select_part(String class_id,String student_name)——查询指定的学生记录。
- student_delete(String student_id)——删除学生记录。
- student_select_one(String student_id)——根据学生 ID,查询学生表记录。
- student_update(String student_id,String student_name)——更新学生表记录。

5. teachCourseService

实现教师、课程、任课业务,包含下面的方法:

- getTeachlession(String teacher_id,String lession_id)——获得某教师教授课程记录。
- insert_teacher_one(String teacher_name,String lession_id)——插入一条教师任课记录。

- delete_teacher_one(String teacher_id)——删除教师任课记录。
- update_teacher(String teacher_id,String lesson_id,String course_id)——更新教师任课记录。
- get_all_lession()——查询所有课程。
- AddCourse(String lesson_name)——添加一门新的课程。
- delete_lession(String lesson_id)——取消一门任课记录。

9.5.3 人机交互界面设计

这一设计阶段要给出每一个页面。对于系统,可以直接给出 JSP 页面,也可以用画图的方式描述页面的元素和内容。本例中使用前者,设计出全部的界面类及子页面。

1. 登录 login.jsp

登录页面设计如图 9-5 所示。

图 9-5　登录页面设计

2. 修改密码 modifypassword.jsp

修改密码页面设计如图 9-6 所示。

图 9-6　修改密码页面设计

3. 注册 reg.jsp

注册页面设计如图 9-7 所示。

4. 系统首页 index.jsp

首页页面设计如图 9-8 所示。

5. 学生信息管理 studentmessage.jsp

学生信息管理页面设计如图 9-9 所示。

教务管理系统的开发

图 9-7　注册页面设计

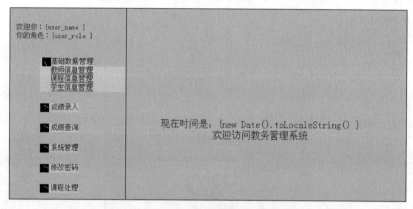

图 9-8　首页页面设计

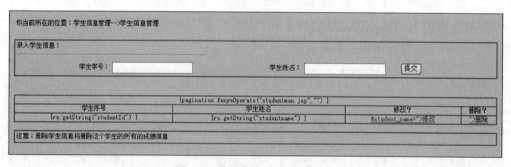

图 9-9　学生信息管理页面设计

6. 学生信息修改 modifyStudent1.jsp

学生信息修改页面设计如图 9-10 所示。

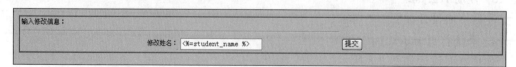

图 9-10　学生信息修改页面设计

7. 教师信息管理 teachcourse.jsp——查询教师信息

教师信息管理查询页面设计如图 9-11 所示。

你当前所在的位置：教师信息管理-->教师信息管理
加入教师信息 查询教师信息

选择查询条件：
授课教师： 课程： 查询

所有教师授课信息（共{rowCount }个） {pagination.fenyeOperate("teachlession.jsp","") }					
教师授课信息序号	所教课程序号	教师姓名	所教课程	修改？	删除？
{rs.getString ("teacherId") }	{rs.getString ("courseId") }	{rs.getString ("teacherName") }	{rs.getString ("courseName") }	&lession_id=0&course_id=">修改	">删除

图 9-11　教师信息管理查询页面设计

8. 教师信息管理 teachcourse.jsp——添加教师信息

教师信息管理添加页面设计如图 9-12 所示。

你当前所在的位置：教师信息管理-->教师信息管理
加入教师信息 查询教师信息

选择输入教师的信息：
编号： 教师： 课程： 提交

所有教师授课信息（共{rowCount }个） {pagination.fenyeOperate("teachlession.jsp","") }					
教师授课信息序号	所教课程序号	教师姓名	所教课程	修改？	删除？
{rs.getString ("teacherId") }	{rs.getString ("courseId") }	{rs.getString ("teacherName") }	{rs.getString ("courseName") }	&lession_id=0&course_id=">修改	">删除

图 9-12　教师信息管理添加页面设计

9. 课程信息管理 course.jsp

课程信息管理页面设计如图 9-13 所示。

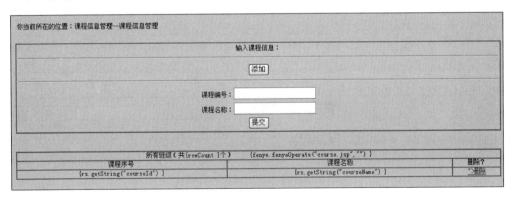

你当前所在的位置：课程信息管理--课程信息管理
输入课程信息：
添加
课程编号：
课程名称：
提交

所有班级（共{rowCount }个） {fenye.fenyeOperate("course.jsp","") }		删除？
课程序号	课程名称	
{rs.getString("courseId") }	{rs.getString("courseName") }	">删除

图 9-13　课程信息管理页面设计

10. 课程信息修改 teachcourse_modify1.jsp

课程信息管理修改页面设计如图 9-14 所示。

11. 选课管理 selectcourse.jsp

选课页面设计如图 9-15 所示。

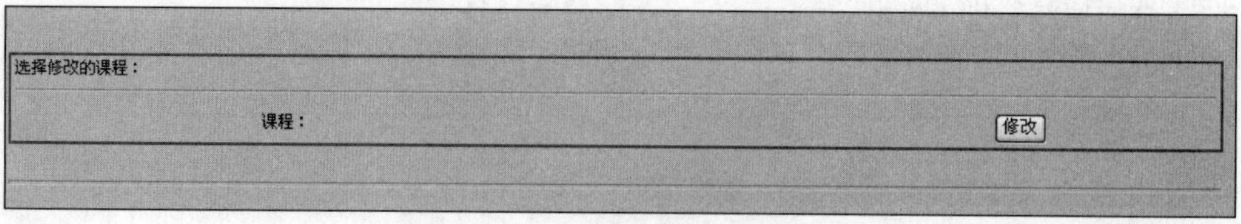

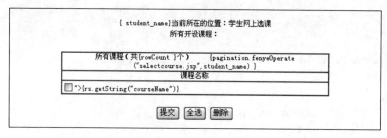

图 9-14　课程信息管理修改页面设计

图 9-15　选课页面设计

12. 查看选课结果页面 finishcourse.jsp

查看选课结果页面设计如图 9-16 所示。

图 9-16　查看选课结果页面设计

13. 录入学生成绩 studentmark_input.jsp

录入学生成绩页面设计如图 9-17 所示。

图 9-17　录入学生成绩页面设计

14. 学生成绩查询 studentscore.jsp

学生成绩查询页面设计如图 9-18 所示。

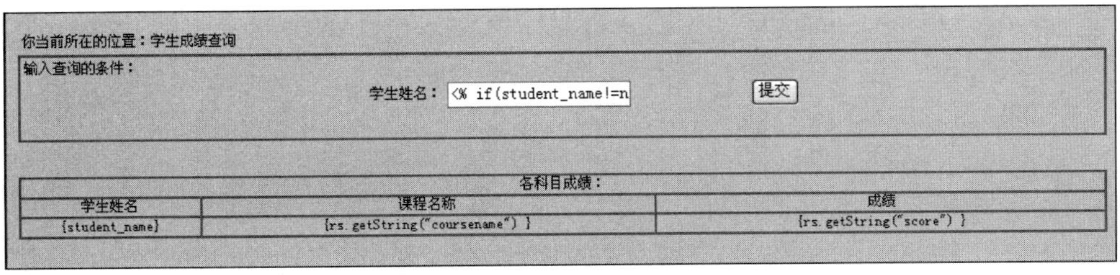

図 9-18 学生成绩查询页面设计

9.6 面向对象的编程

面向对象的设计已经将整个应用程序使用的类、方法和体系结构描述得比较清晰了,在详细设计阶段已经考虑了程序最终的实现方式。与生命周期法开发的实现阶段不同,OO方法在系统实现的过程中,不需要再对应用程序的编码方案进行设计,主要考虑将设计方案对应到 Java 代码的过程以及页面的实现。

本系统使用 JSP+Javabean 的框架实现,也就是 JSP 组件被分为两大部分:一是视图组件,用来显示页面内容的 JSP;二是控制器组件,用来充当控制器角色,而不涉及页面显示的问题。

1. 建立公用文件

(1) Connection。实现数据库连接。

```
package com.bean;
import java.sql. * ;
public class connectDB {
    public static Connection getConn() {
        Connection conn = null;
        try {
        Class.forName("com.microsoft.sqlserver.jdbc.SQLServerDriver");
            String uri = "jdbc:sqlserver://localhost:1433;DatabaseName = jwglxt";
            String user = "sa";
            String password = "sa";
            conn = DriverManager.getConnection(uri,user,password);
            System.out.println("successful");
        } catch (ClassNotFoundException e) {
            e.printStackTrace();
        } catch (SQLException e) {
            e.printStackTrace();
        }
        return conn;
    }
    public static void closeConn(Connection conn) {
        try {
            if(conn != null) {
```

```
                conn.close();
                conn = null;
            }
        } catch (SQLException e) {
            e.printStackTrace();
        }
    }
    public static void closeStmt(Statement stmt) {

        try {
            if(stmt != null) {
                stmt.close();
                stmt = null;
            }
        } catch (SQLException e) {
            e.printStackTrace();
        }
    }
    public static void closeRs(ResultSet rs) {
        try {
            if(rs != null) {
                rs.close();
                rs = null;
            }
        } catch (SQLException e) {
            e.printStackTrace();
        }
    }
}
```

（2）commonTagbean。这个类实现课程的下拉列表，教师名字的下拉列表，用户类型的下拉列表。注意这里使用了 connectDB 连接数据库。

```
package com.bean;
import java.sql. * ;
public class commonTagbean {
    public String getLessionTag(String lession_id) {
        String result = "< select name = 'lession_id' id = 'select'>";
        String sql = null;
        Statement st = null;
        ResultSet rs = null;
        Connection conn = connectDB. getConn();
        String select = "selected";
        if (conn != null) {
            try {
                sql = "select * from course";
                st = conn.createStatement();
                rs = st.executeQuery(sql);
                result = result + "< option value = '0'> ==== </option>";
```

```java
                if (lession_id == "0") {
                    while (rs.next()) {
                        result += "< option value = '" + rs.getString("courseId")
                                + "'>" + rs.getString("courseName")
                                + "</option>";
                    }
                } else {

                    while (rs.next()) {
                        if (rs.getString("courseId").equals(lession_id)) {
                            result = result + "< option value = '"
                                    + rs.getString("courseId") + "' selected = '"
                                    + select + "'>"
                                    + rs.getString("courseName") + "</option>";
                        } else {
                            result += "< option value = '"
                                    + rs.getString("courseId") + "'>"
                                    + rs.getString("courseName") + "</option>";
                        }
                    }
                }
            } catch (Exception e) {
                System.out.println(e);
            }
        }
        result += "</select>";
        return result;
    }
    public String getTeacherTag(String teacher_id) {
        String result = "< select name = 'teacher_id' id = 'select1'>";
        String sql = null;
        Statement st = null;
        ResultSet rs = null;
        Connection conn = connectDB.getConn();
        if (conn != null) {
            try {
                sql = "select * from teacher";
                st = conn.createStatement();
                rs = st.executeQuery(sql);
                result = result + "< option value = '0'>== 请选择 ==</option>";
                if (teacher_id == "0") {
                    while (rs.next()) {
                        result += "< option value = '" + rs.getString("teacherId")
                                + "'>" + rs.getString("teacherName")
                                + "</option>";
                    }
                } else {
                    while (rs.next()) {
                        if (rs.getString("teacherId") == teacher_id) {
                            result = result + "< option value = '"
```

```
                                            + rs.getString("teacherId") + "' selected>"
                                            + rs.getString("teacherName") + "</option>";
                        } else {
                            result += "<option value = '"
                                            + rs.getString("teacherId") + "'>"

                                            + rs.getString("teacherName") + "</option>";
                        }
                    }
                }

            } catch (Exception e) {
                System.out.println(e);
            }
        }
        result += "</select>";
        return result;
    }
    public String getRoleTag() {
        String result = null;
        result += "<select name = 'role_id'>";
        result += "<option value = 'admin'></option>";
        result += "</select>";
        return result;
    }
}
```

（3）paginationbean。实现分页的方法。

```
package com.bean;
import java.sql.ResultSet;
public class paginationbean {
    ResultSet rs = null;
    int currentPage = 1;
    int pageSize = 10;
    public String fenyeOperate(String returnJSP, String studentname) {
        String string = new String("");
        if (rs == null)
            return string;
        int pageCount = 0;
        int rowCount = 0;
        if (pageSize <= 0)
            return string;
        try {
            rs.last();
            rowCount = rs.getRow();
            rs.beforeFirst();
            int recordPosition = (currentPage - 1) * pageSize;
            if (recordPosition == 0)
```

```java
                rs.beforeFirst();
            else
                rs.absolute(recordPosition);

        } catch (Exception e) {
            System.out.println(e);
            return string;
        }
        if (rowCount % pageSize == 0)
            pageCount = rowCount / pageSize;
        else
            pageCount = rowCount / pageSize + 1;
        string = "" + pageCount + "x," + currentPage + "x  ";
        if (currentPage != 1 && pageCount != 0) {
            string = string + "<a href = '" + returnJSP
                    + "?currentPage = 1&student_name = " + studentname
                    + "'> x </a> ";
            string = string + "<a href = '" + returnJSP + "?currentPage = "
                    + (currentPage - 1) + "&student_name = " + studentname
                    + "'> x </a>";
        }
        if (currentPage != pageCount && pageCount != 0) {
            string = string + "<a href = '" + returnJSP + "?currentPage = "
                    + (currentPage + 1) + "&student_name = " + studentname
                    + "'> x </a> ";
            string = string + "<a href = '" + returnJSP + "?currentPage = "
                    + pageCount + "&student_name = " + studentname
                    + "'> x </a> ";
        }
        return string;
    }
    public ResultSet getRs() {
        return rs;
    }
    public void setRs(ResultSet rs) {
        this.rs = rs;
    }
    public int getCurrentPage() {
        return currentPage;
    }
    public void setCurrentPage(int currentPage) {
        this.currentPage = currentPage;
    }
    public int getPageSize() {
        return pageSize;
    }
    public void setPageSize(int pageSize) {
        this.pageSize = pageSize;
    }
}
```

2. 创建 Javabean

创建 9.5.3 节中要求实现的全部的 Javabean。

3. 创建 OOD 阶段设计的全部视图——JSP 页面

其中，index.jsp 页面使用 frameset 实现在页面中嵌入 functions.jsp 和 showTime.jsp 的内容。

```
< frameset cols = "210, * ">
< frame name = "function" src = "functions.jsp" scrolling = "no" noresize = "noresize">
< frame name = "time" src = "showTime.jsp" scrolling = "auto" noresize = "noresize">
</frameset >
```

functions.jsp 页面用于制作左侧的树状列表，showTime.jsp 用于制作右侧的时间显示页面。

4. 创建各个控制器

Java 代码写在 JSP 的脚本程序里，实现控制器的功能。下面以查看学生成绩为例，说明组件的调用关系。

（1）在 JSP 页面代码中指明页面提交后处理请求的组件：

```
...
< script type = "text/javascript">
function add()
{       var td = document.getElementById("more");
        var br = document.createElement("br");
        var input = document.createElement("input");
        var button = document.createElement("input");
        input.type = "text";
        input.name = "lession_name";
        button.type = "button";
        button.value = "Remove";
        td.appendChild(br);
        td.appendChild(input);
        td.appendChild(button);
        button.onclick = function()
        {
            td.removeChild(br);
            td.removeChild(input);
            td.removeChild(button);
        }
}
</script >
...
< form name = "lession_form" action = "courseAdd.jsp" method = "post">
< table border = "1" width = "100 %" cellspacing = "0" cellpadding = "0" bordercolor = " #
808080"
    bordercolorlight = " # 808080" bordercolordark = " #808080">
    ...
```

```
<tr>
<td width = "100%" align = "center"><input type = "button" value = "添加" onclick = "add()"/>
<br/><hr/>
</td>
```

(2) 制作 **courseAdd.jsp** 充当控制器,不用来显示:

```
…
<%
String []en = request.getParameterValues("lession_name");
teachCourseService ll = new teachCourseService();
int d = 0;
for(int i = 0;i < en.length;i++)
{
    d = ll.AddCourse(en[i]);
    if(d == 2||d == 3)
    break;
}
if(d == 1)
out.println("增加成功!");
if(d == 3)
out.println("参数出了问题!");
if(d == 2)
out.println("数据库连接失败或数据库操作失败!");
%>
…
```

(3) **courseAdd.jsp** 调用了 Javabean teachCourseService 的 AddCourse 方法:

```
…
public int AddCourse(String lession_name)
{
    String sql = null;
        Connection conn = connectDB.getConn();
    if(conn == null)return 2;
    if(lession_name.trim().equals("")||lession_name == null)return 3;
    try
    {
        sql = "insert into course values(?)";
        PreparedStatement pst = conn.prepareStatement(sql);
        pst.setString(1,lession_name);
        pst.executeUpdate();
        return 1;
    }catch(Exception e)
    {
        return 2;
    }
}
```

9.7　软件测试与维护

1. 测试

本系统使用 OO 方法开发,在软件测试中,单元测试的思想依然存在,但测试的对象不是类。测试过程首先要覆盖每个类和类的方法,包含类的属性测试、方法测试和类的对象测试。类测试的依据是用例规约和类图。

2. 运行与维护

经过测试,系统运行稳定,在使用和维护中应该注意以下问题:

(1) 定期备份数据库,以免丢失数据。

(2) 定期清理数据库中的无效数据,以提高运行效率。

(3) 对软件及运行环境进行日常维护。

9.8　本 章 小 结

面向对象的开发方法可以使面向对象的设计结果无缝地过渡到面向对象的软件编程。因此,面向对象的软件设计过程直接涉及实现部分的许多问题,如采用的程序体系结构、实体类、界面类和控制类的具体内容直接对应编程实现的组件。这对面向对象的分析设计人员提出了更高的要求:最好熟悉程序设计语言和选用的框架。通过本例可以看出,面向对象的设计图表不追求大而全,而以能够明确地指导编程实践为原则。为了能够详细地说明问题,本例的开发只围绕一个简单的选课业务进行,建议读者在读懂本例的基础上,自己设计添加排课的功能,锻炼开发能力,以更好地完成教务系统的功能。

第 10 章　软件工程实践开发与设计实例
——电商英才网络应聘招聘管理系统

10.1　系统开发概述

10.1.1　开发背景

随着基于浏览器的 Web 技术的迅速发展,人们越来越多地通过 Web 进行各种各样的活动,从电子商务到各类公共信息服务,等等。这种基于 B/S(浏览器/服务器)结构的系统提供的服务方便、快捷,是人们快速获得各类服务的理想途径。且现今大学生数量越来越多,仅仅是招聘会已不能满足大学生就业需求,也无法满足企业对人才的招聘需求。招聘求职网站为应聘者提供了方便、快捷的应聘途径,不仅信息更新快、信息数量多、而且选择余地大。对招聘单位来说,招聘网站不仅为他们开辟了招聘人才的新方式,而且使其工作流程更加方便、快捷、高效。因此,针对电子商务专业的应聘与招聘网站——电商英才网就在这种背景下应运而生。

10.1.2　系统目标

随着市场竞争的日益激烈,人才对于企业的发展至关重要。传统的招聘会局限于时间与空间等因素,企业如何将招聘信息透明化,应聘者如何快速获得招聘信息? 这就是电商英才网所要实现的目标。

1. 对企业：将招聘信息公众化

将相关电子商务企业的招聘信息录入网站数据库,使浏览网站的应聘者通过相关操作,随时随地查询企业的招聘信息,最大程度将企业招聘信息公众。旨在为企业吸引更多的有才之士,进而促进企业发展。

2. 对应聘者：最有效地提供企业招聘信息

将相关电子商务企业的招聘信息录入网站数据库,使应聘者跨过时间与空间的限制。通过对网站的相关操作(如筛选任职地区、应聘条件等),应聘者可以快捷、简单地获取符合自己要求的企业招聘信息。

10.1.3　可行性分析

近年来人才市场活跃和大企业对高素质人才的需求殷切,无疑为求职招聘网站生存和发展提供了广阔的空间。与其他传统的人才中介相比,网上招聘具有成本低、容量大、速度快和强调个性化服务的优势。它允许更加灵活的交互方式,提供更丰富的信息资源。网上招聘在一些发达国家已成为颇为流行的求职招聘方式,因而在国内也迅速受到外企、私企和一些大型国企的青睐。分析建立电商英才网的可行性主要包括经济可行性、技术可行性。

1. 经济可行性

经济可行性研究的目的是实行系统能达到以最小的开发成本取得最佳的经济效益。电商英才网主要的目标就是实现招聘信息的智能化管理,从而减轻事务处理人员的劳动强度,提供员工的工作效率,以很少的投资获得更好的社会效益与经济效益。由于本网站系统突破了时间限制,只要服务器开通,合法用户随时可以获得自己想了解的信息。因而,该系统在经济上是可行的。

2. 技术可行性

本网站采用 ASP 技术来实现,使用 ASP 可以创建动态、交互的 Web 服务器应用程序。ASP 页面使用脚本语言 HTML、JavaScript 编写。访问数据库是通过使用内置的 ASP 组件存取 Access 数据库,通过用户在网页中的操作做出相应,并进行相应的处理,实现对数据库的增、删、改、查等功能,并将操作结果返回给用户浏览器,从而创作出交互式的网页。

10.2 系统开发说明

10.2.1 需求分析

电子商务是一种全新的商务活动模式,它充分利用互联网的易用性、广域性和互通性,实现了快速可靠的网络化商务信息交流和业务交易。作为一个新兴行业,电子商务发展迅速,企业对电子商务的需求越来越大,更多优秀人才的加入无疑会进一步促进这个行业的发展,但电商相关专业的求职者获取企业信息及招聘信息的途径却很少,从而错失良机,与理想职业失之交臂,另外,各大企业也很难直接找到合适的电商人才,为了便于企业发布相关招聘信息以及有就业需求的电子商务相关专业学生选择合适的企业,我们设计了电商英才网专门发布电子商务方向的企业招聘信息。该网站可以为用户提供多角度的招聘信息查询功能,帮助他们寻找心仪的企业,同时也能便于企业发布和修改招聘信息。

主要功能如下:

- 用户登录与注册。
- 多角度的招聘信息的查询以及目标企业网站的链接。
- 招聘信息的发布与修改。

主要设计目标有:

- 网站的安全性:只有授权的用户可以执行对数据的授权操作,未授权的用户不可以访问此系统。
- 网站的实用性:使用 ASP+Access+IIS 来实现,服务器架设方便,对运行环境要求较低,可以在网络上发布,方便多用户同时访问。
- 网站功能的多样性:用户不仅可以从地区、企业类别等角度查询企业信息,也可以从学历要求、薪酬等角度查询招聘信息,遇到感兴趣的企业也可直接从主页进入目标企业的官网。另外,企业也可以发布、修改、删除招聘信息。

网站在设计的过程中,数据库的设计无疑是非常重要的,数据库在信息管理中占有非常重要的地位,数据库结构设计的好坏将直接对应用系统的效率以及实现的效果产生影响。

合理的数据库结构设计可以提高数据存储的效率,保证数据的完整性和一致性。数据库中表的设计主要考虑两个方面:

(1)整个管理系统的所有表中的数据要具有共享性高、冗余度小、占用空间尽可能小的特点。

(2)方便维护表中的数据和快速地从表中获取数据库。

要设计出这样的表,需要根据系统充分了解用户各个方面的需求,包括现有的以及将来可能增加的需求。在数据库系统开发设计的时候应该尽量考虑全面,尤其应该考虑用户的各种需求。在该网站的数据库系统中,数据库应当解决如下需求:

- 保存用户信息,包括用户名和密码。
- 保存企业信息,包括企业所在地区、类型、联系方式等。
- 保存招聘信息,包括岗位需求、学历要求、薪酬等。

网站设计中使用的是 Access 数据库系统,下面将对网站数据库系统的设计进行详细的分析。

10.2.2 数据流图

1. 用户登录 & 注册

用户需要注册账号,以便完成查询信息具体操作。用户经注册成功后就可登录系统了。首先输入用户名及密码,系统从数据库中提取信息验证。若成功,用户登录系统进行工作岗位的查询及收藏,若输入信息有误,则出现错误提示,用户可重新输入,如图 10-1 所示。

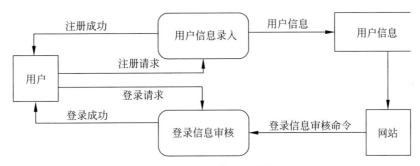

图 10-1 用户登录 & 注册数据流图

2. 企业及招聘信息查询

用户登录成功后便进入网站主页,可以进行相关企业信息查询以及对企业发布的招聘信息的查询,如图 10-2 和图 10-3 所示。

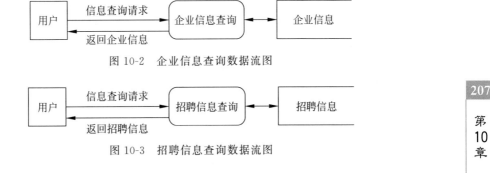

图 10-2 企业信息查询数据流图

图 10-3 招聘信息查询数据流图

3. 企业信息管理

管理员可以根据企业信息变动情况,对网站内发布的电子商务企业相关信息进行修改、删除等管理操作,如图 10-4 所示。

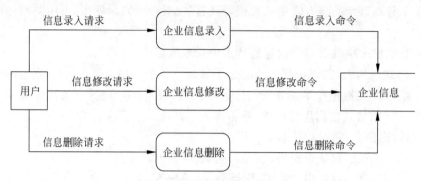

图 10-4　企业信息管理数据流图

10.2.3　数据字典

1. 数据项
表　10-1

数据项名	含义说明	类型	长度	取值范围
District	公司所在地区	字符型	8	
CompanyName	公司名称	字符型	16	
OperationType	公司类型	字符型	16	
WebsiteName	网站名称	字符型	16	
WebsiteLink	网站链接	字符型	20	
Station	招聘岗位类型	字符型	12	
JobNum	招聘岗位数量	数值型	4	0000-9999
Salary	岗位薪酬	数值型	8	0000-9999
Request	岗位学历要求	字符型	10	
PhoneNum	公司联系电话	数值型	12	00000000000-99999999999
User	用户账号	字符型	10	
Password	用户密码	数值型	10	00000000-99999999

2. 数据结构
表　10-2

数据结构名	组成该结构的数据项
用户	User,Password
企业	District,CompanyName,OperationType,WebsiteName,WebsiteLink
招聘	CompanyName,District,Station,JobNum,Salary,Request,PhoneNum

3. 数据流

表 10-3

数据流名	用户信息数据
说明	用户登录信息
数据流来源	用户
数据流去向	用户信息录入
组成	User,Password

表 10-4

数据流名	企业信息数据
说明	企业基本信息
数据流来源	企业
数据流去向	企业信息录入
组成	District,CompanyName,OperationType,WebsiteName,WebsiteLink

表 10-5

数据流名	招聘信息数据
说明	招聘基本信息
数据流来源	企业
数据流去向	招聘信息录入
组成	CompanyName,District,Station,JobNum,Salary,Request,PhoneNum

4. 数据存储

表 10-6

数据存储名	用户信息
说明	记录用户的登录信息
输入数据流	录入的用户
输出数据流	用户信息
组成	User,Password
数据量	0-10000000
存取方法	按用户编号升序

表 10-7

数据存储名	企业信息
说明	记录企业的基本信息
输入数据流	录入的用户
输出数据流	企业信息
组成	District,CompanyName,OperationType,WebsiteName,WebsiteLink
数据量	0-10000000
存取方法	按企业编号升序

表 10-8

数据存储名	招 聘 信 息
说明	记录企业招聘的基本信息
输入数据流	录入的用户
输出数据流	企业招聘信息
组成	CompanyName，District，Station，JobNum，Salary，Request，PhoneNum
数据量	0-10000000
存取方法	按企业编号升序

5. 处理过程

表 10-9

处理过程名	用户信息录入
说明	用户注册账号录入用户信息
输入数据流	用户
输出数据流	注册完成后的用户信息
处理说明	将注册成功的用户信息录入数据库中

表 10-10

处理过程名	企业信息编辑
说明	企业用户登录后增加或删除修改企业信息
输入数据流	用户
输出数据流	企业信息
处理说明	将编辑后的企业信息录入数据库中

表 10-11

处理过程名	招聘信息编辑
说明	企业用户登录后增加或删除修改企业招聘信息
输入数据流	用户
输出数据流	招聘信息
处理说明	将编辑后的招聘信息录入数据库中

10.2.4 概要设计

10.2.4.1 系统功能架构

通过对数据流程图的设计以及对数据字典的分析，理清了数据的流向，从而设计出招聘网站系统的各个模块。其主要功能模块有五大块：用户登录和注册模块、企业信息查询模块、企业信息管理模块、招聘信息查询模块以及招聘信息管理模块。两个查询模块主要面向想要求职的学生，这类用户登录网站后可以从各个方向查询相关企业的信息或者招聘信息，对于感兴趣的企业可以通过链接进入企业官网进行更进一步的了解；另外两个管理模块主要面向企业用户，企业用户可以对企业自身的信息以及招聘信息及时的添加、修改、删除。系统总体的设计思想是用户首先处于登录界面，需要输入账号密码登录才能进入主页面，如果没有账号密码则需要进行注册填写有关信息，登录进入主页面后网站左侧是一个导航栏，导航栏分为两个板块：企业信息和招聘信息。其中企业信息中包含企业类型以及企业所在地区；招聘信息中包含招聘的职位类型,所需的学历条件以及工作地区。信息管理模块在上部的导航栏中,用户可以增加,删除或修改相关信息,由此可以得到系统的功能结构图如图 10-5 所示。

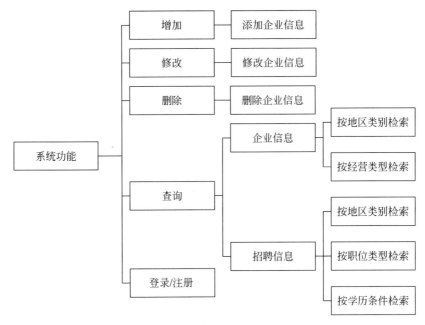

图 10-5　系统功能结构图

10.2.4.2　概念模型设计

概念模型设计用于信息世界的建模,是现实到信息世界的第一层抽象,是对现实世界的抽象和概括,是数据库设计人员进行数据可设计的有力工具,也是数据库设计人员和用户交流的语言,因此概念模型一方面具有较强的语义表达能力,能够方便直接地表达应用中的各种语义知识,另一方面它简单、清晰、易于用户理解。它独立于计算机的数据模型,独立于特定的数据库管理系统,便于向关系、层次、网络等各种数据模型转换。用 E-R 图来描述现实世界的概念模型,本系统的全局 E-R 图如图 10-6 所示。

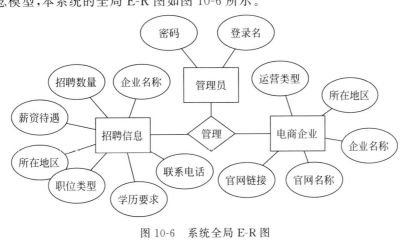

图 10-6　系统全局 E-R 图

软件工程实践开发与设计实例——电商英才网络应聘招聘管理系统

10.2.5　详细设计

网页开发环境基于 Windows 7 操作系统,使用 Microsoft 的 Web 服务器产品为 Internet Information Server(IIS),基于 ASP 的开发环境,使用 JavaScript,VBScript 和 CSS 脚本语言,结合 HTML 代码,并借助 FrontPage 对 ASP 程序进行开发编辑,链接 Access 数据库实现网页基本功能,使用 JDBC 数据库访问技术。

10.2.5.1　功能实现

1. 用户登录及注册模块

用户登录功能,基于 JavaScript 脚本语言实现。

(1) 当用户输入用户名或密码为空时,单击登录,弹出"登录账号/密码不能为空!"消息框,并返回上一级登录页面。

实现代码:

```
if user = "" Then response.write"<script>alert('登录账号不能为空!');
location.href = 'javascript:history.back();'</script>"
end if
if password = "" Then response.write"<script>alert ('登录密码不能为空!'); location.href =
'javascript:history.back();'</script>"
end if
```

(2) 当用户输入用户名密码不为空时,链接数据库,使用 select 语句,将输入文本框中的信息与数据库中 Users 数据表的记录进行信息对照,当用户名、密码与数据表中记录相符时,进入网页主页面。

实现代码:

```
exec = "select * from user where(user = '"&user&"' and password = '"&password&"')"
set conn = server.createobject("adodb.connection")
conn.open "driver = {microsoft access driver ( * .mdb)};
dbq = "&server.mappath("E_Business.mdb")
set rs = server.createobject("adodb.recordset")
rs.open exec,conn,1,3
if not rs.eof then
session("user") = rs("user")
response.Redirect "Home0.asp"
```

(3) 当输入文本框中的用户名,密码信息与数据表中记录不相符,弹出"提示:登录账号或密码输入有误!"消息框,并返回上一级登录页面。

实现代码:

```
session("user") = ""response.write"<script>alert
('提示:登录账号或密码输入有误!');
location.href = 'javascript:history.back();'</script>"
```

(4) 当用户输入的用户名和密码不为空时,输入数据被保存在 form 表单中,并使用 post 方法将表单数据提交给 save.asp 进行数据处理。

实现代码:

```
< form action = "save.asp" method = "post" name = "form1"
id = "form1" onSubmit = "return validate_form1()">
```

（5）Save.asp 链接数据库,用 select 语句对插入的数据与 Users 表中的记录进行比对,如果数据表中不存在雷同的用户名,将输入的数据插入到 Users 表中,对 Users 表单进行更新,并弹出"提示：注册成功,请登录!"消息框,并返回初始登录页面。

实现代码:

```
set rs = server.CreateObject("adodb.recordset")
sqlstr = "select * from user where user = '"&user&"'"
rs.open sqlstr,conn,1,3
if rs.eof then
rs.addnew
rs("user") = user
rs("password") = password
rs.update
rs.close
conn.close
set rs = nothing
set conn = nothing
response.write"< script > alert('提示：注册成功,请登录!');
location.href = 'login.asp'</script >"
```

2. 数据表记录查询筛选模块

以查询位于北京市的企业信息为例,链接数据库,使用 select 语句查询所有地点等于北京市的记录。

实现代码:

```
< %
Set conn = Server.CreateObject("ADODB.Connection")
conn.Open "driver = {Microsoft Access Driver ( * .mdb)};
dbq = " & Server.MapPath("E_Business.mdb")
set rs = server.createobject("adodb.recordset")
sql = "select * from CorporateInformation where District = '北京市'"
Set rs = conn.Execute(sql)
% >
```

对表单中符合 where 筛选条件的记录依次进行遍历并以表格的形式显示在网站页面上,当不再有符合筛选条件的记录时,释放 Recordset 和 Connection 所占用的空间。

实现代码:

```
< % for each x in rs.Fields
response.write("< th align = 'left' bgcolor = '♯b0c4de'>" & x.name & "</th >")next % >
</tr >
< % do until rs.EOF % >
< tr >
< % for each x in rs.Fields % >
< td >< % Response.Write(x.value) % ></td >
< % next
rs.MoveNext % >
```

```
</tr>
<% loop
rs.close
conn.close
%>
```

3. 数据表记录增删改模块

(1) <FORM action="affair_TJ.asp? sort=1&id=" method=post>使用 post 方式将 sort=1 这个参数值提交到 affair_TJ.asp 页面进行操作处理,在 affair_TJ.asp 页面使用 sort=request("sort")语句获取到提交到该页面的 sort 值,使用 select case 语句对不同的提交值进行不同的功能处理。case1 情况下,使用 insert 语句将输入文本框中的数据记录插入到数据表中。

实现代码:

```
case "1"
CompanyName = request("CompanyName")
District = request("District")
OperationType = request("OperationType")
WebsiteName = request("WebsiteName")
Websitelink = request("Websitelink")
sql = "insert into CorporateInformation
(CompanyName,District,OperationType,WebsiteName,Websitelink)
values("& CompanyName &","& District &","& OperationType &",
"& WebsiteName &","& WebsiteLink &")"
conn.Execute sql
```

(2) <FORM action="affair_TJ.asp? sort=2&id=<%=ID%>" method=post>使用 post 方法将 sort=2 id=<%=ID%>这两个参数值提交到 affair_TJ.asp 页面进行操作处理,case2 情况下,使用 update 语句将被选中 ID 的数据记录中的属性值进行修改更新。

实现代码:

```
case "2"
CompanyName = request("CompanyName")
District = request("District")
OperationType = request("OperationType")
WebsiteName = request("WebsiteName")
Websitelink = request("Websitelink")
id = request("id")
sql = "update CorporateInformation
set CompanyName = "& CompanyName &",District = "& District &",
OperationType = '"& OperationType &'",WebsiteName = "& WebsiteName &",
Websitelink = "& Websitelink &"
where ID = "&id
conn.Execute sql
```

(3) <a href="affair_Tj.asp? sort=3&id=<%=rs("ID")%>">将 sort=3 参数值以及用 rs("ID")获取到的 id 值提交到 affair_TJ.asp 页面进行操作处理,case3 情况下,使用 delect 语句,对被选中 ID 的数据记录进行删除处理。

实现代码：

```
case "3"
id = request("id")
sql = "delete from CorporateInformation where ID = "&id
conn.Execute sql
```

（4）每次 select case 语句执行完毕后，释放 Connection 所占用的空间，并使用 Response. Redirect "affair. asp" 语句跳转到 affair. asp 页面。

实现代码：

```
end select
conn.Close
set conn = nothing
Response.Redirect "affair.asp"
```

4. 数据记录分页显示模块

（1）rs. pagesize＝11 设置每页显示 11 条数据表记录，如果参数传递来的页号 page 值不为空，将传递来的 page 值取整并赋值给 epage，如果 epage 小于 1，取第一页，如果 epage 大于实际页，取最后一页，rs. absolutepage＝epage 将 epage 赋给 rs 的当前页。

实现代码：

```
rs.pagesize = 11
if request("page")<>"" then
  epage = cint(request("page"))
    if epage < 1 then epage = 1
    if epage > rs.pagecount then epage = rs.pagecount
else
epage = 1
end if
rs.absolutepage = epage
```

（2）按照设定的每页限制的数据记录值循环显示数据表中的记录。

实现代码：

```
<%
for i = 0 to rs.pagesize - 1
if rs.bof or rs.eof then exit for
%>
<tr bgcolor = "#FFFFFF" align = "center">
<td><% = rs(0).value %></td>
<td><% = rs(1).value %></td>
<td><% = rs(2).value %></td>
<td><% = rs(3).value %></td>
<td><% = rs(4).value %></td>
<td><% = rs(5).value %></td>
</tr>
<%
rs.movenext()
next
%>
<a href = "log1.asp?page = <% = epage - 1 %>">上一页</a>  
```

单击上一页，将 page=<%=epage-1%>的参数值传递到 log1.asp 页面进行数据处理，再次执行 if 语句段，进行页面切换。

10.2.5.2 数据库设计

1. 数据表结构设计

(1) User 表。用来存储所有合法用户信息，当用户输入的用户名和密码与本表中存储的用户信息一致，用户即可登录成功。

实体属性：Users(ID，User，PassWord)

如图 10-7 所示为 User 表数据表视图。

User

ID	User	Password	单击以添加
1	wangwei	ww	
2	louyuan	ly	
3	lizihao	lzh	
4	zhangxinlei	zxl	
5	huangzichen	hzc	
6	chenjinhui	cjh	
7	lijiayin	ljy	
8	ningtao	nt	

图 10-7　User 表数据表视图

(2) JobOffers 表。用以存储企业招聘信息，为招聘信息的查询修改删除提供数据支持。

实体属性：JobOffers(ID，CompanyName，District，Station，JobNum，Salary，Request，PhoneNum)

图 10-8 所示为 JobOffers 表设计视图，图 10-9 所示为该表的数据表视图。

JobOffers

字段名称	数据类型
ID	自动编号
CompanyName	短文本
District	短文本
Station	短文本
JobNum	数字
Salary	数字
Request	短文本
PhoneNum	短文本

图 10-8　JobOffers 表设计视图

(3) CorporateInformation 表。用以存储企业基本信息，为相关企业信息的查询修改删除提供数据支持。

实体属性：CorporateInformation(ID，District，CompanyName，OperationType，WebsiteName，WebsiteLink)

如图 10-10 所示为 CorporateInformation 表设计视图。图 10-11 所示为 CorporateInformation 表数据表视图。

2. SQL 语句基础

(1) select 语句。例：sql= "select * from CorporateInformation where District='北京市'"，借助 select 语句，实现有限制条件或无限制条件下，不同数据表信息的筛选查询。

ID	CompanyNa·	District	Station	JobNum	Salary	Request	PhoneNum
2	北京国美在线	北京市	人资行政类	1	5000	研究生	18342770001
3	北京创锐文化	北京市	人资行政类	1	7000	本科	18342770002
4	北京优购文化	北京市	销售运营类	3	6000	本科	18342770003
5	北京本来工坊	北京市	产品策划类	2	5000	研究生	18342770004
6	北京探路者户	北京市	产品策划类	1	5000	研究生	18342770005
7	北京百花蜂业	北京市	客户服务类	1	4000	大专	18342770006
8	乐视网信息技	北京市	软件开发类	1	7000	研究生	18342770007
9	北京三快科技	北京市	产品策划类	2	9999	研究生	18342770008
13	北京敦煌禾光	北京市	销售运营类	1	5000	本科	18342770012
14	中建材国际贸	天津市	销售运营类	1	5000	研究生	18342770013
15	北京京东世纪	北京市	产品策划类	3	6000	本科	18342770014
16	北京当当网信	北京市	软件开发类	2	5000	研究生	18342770015
17	北京慧聪互联	北京市	人资行政类	2	4000	本科	18342770016
19	天津网聚优众	天津市	产品策划类	1	9000	研究生	18342770018
20	天天希杰（天	天津市	产品策划类	1	6000	本科	18342770019
21	五八同城信息	天津市	人资行政类	1	5000	本科	18342770020
22	天津物产电子	天津市	人资行政类	1	6000	本科	18342770021
23	天津利和进出	天津市	销售运营类	1	6500	本科	18342770022
24	天津蒲尚科技	天津市	软件开发类	2	6500	大专	18342770023
25	河北讯成网络	河北省	软件开发类	3	8000	研究生	18342770024
26	河北玛世电子	河北省	产品策划类	1	9000	研究生	18342770025
27	石家庄北国电	河北省	客户服务类	1	7000	本科	18342770026
28	山西贡天下电	山西省	软件开发类	1	5000	本科	18342770027
29	山西易通天下	山西省	软件开发类	1	4000	本科	18342770028

图 10-9　JobOffers 表数据表视图

CorporateInformation

字段名称	数据类型
ID	自动编号
CompanyName	短文本
District	短文本
OperationType	短文本
WebsiteName	短文本
WebsiteLink	短文本

图 10-10　CorporateInformation 表设计视图

CorporateInformation

ID	District	CompanyName	OperationType	WebsiteName	WebsiteLink
1	北京市	小米科技有限责任公司	网络零售类	小米网	www.mi.com
2	天津市	中粮我买网有限公司	网络零售类	中粮我买网	www.womai.com
3	北京市	北京国美在线电子商务有限公司	网络零售类	国美在线	www.gome.com.cn
4	北京市	北京创锐文化传媒有限公司	网络零售类	聚美优品	www.jumei.com
5	北京市	北京优购文化发展有限公司	网络零售类	优购物	www.17ugo.com
6	北京市	北京本来工坊科技有限公司	生活服务类	本来生活网	www.benlai.com
7	北京市	北京探路者户外用品股份有限公司	生活服务类	探路者	www.toread.com.cn
8	北京市	北京百花蜂业科技发展股份公司	网络零售类	百花蜂业	www.baihua1919.com
9	北京市	乐视网信息技术（北京）股份有限公司	网络零售类	乐视网	www.letv.com
10	北京市	北京三快科技有限公司	电商服务类	美团网	www.meituan.com
14	北京市	北京敦煌禾光信息技术有限公司	跨境电商类	敦煌网	www.dhgate.com
15	天津市	中建材国际贸易有限公司	跨境电商类	易单网	www.okorder.com
16	北京市	北京京东世纪贸易有限公司	综合类	京东商城	www.jd.com
17	北京市	北京当当网信息技术有限公司	综合类	当当网	www.dangdang.com
20	天津市	天津网聚优众网络科技有限公司	网络零售类	优众网	www.ihaveu.com
21	天津市	天天希杰（天津）商贸有限公司	网络零售类	三佳购物	www.ttcj.tv
22	天津市	五八同城信息技术有限公司	电商服务类	五八同城	www.58.com
23	天津市	天津物产电子商务有限公司	创新类	天物大宗	www.tewoo.com.cn
24	天津市	天津利和进出口集团有限公司	跨境电商类	利和集团	www.tjliho.com
25	天津市	天津蒲尚科技有限公司	跨境电商类	蒲尚科技	www.pisanio.cn
26	河北省	河北讯成网络科技有限公司	网络零售类	366网上商城	www.51366.com
27	河北省	河北玛世电子商务有限责任公司	电商服务类	玛世电商	www.hbmashi.com
28	河北省	石家庄北国电子商务有限公司	电商服务类	北国如意购	www.ruyigou.com
29	山西省	山西贡天下电子商务有限公司	电商服务类	贡天下特产网	www.gongtianxia.com

图 10-11　CorporateInformation 表数据表视图

第 10 章

软件工程实践开发与设计实例——电商英才网络应聘招聘管理系统

（2）Insert 语句，例：sql="insert into CorporateInformation(CompanyName，District，OperationType，WebsiteName，Websitelink) values('"& CompanyName &'"，'"& District &'"，'"& OperationType &'"，'"& WebsiteName &'"，'"& WebsiteLink &'")"，借助 insert 语句，实现向数据表中添加新记录的功能。

（3）Update 语句。例：sql="update CorporateInformation set CompanyName='"& CompanyName &'"，District='"& District &'"，OperationType='"& OperationType &'"，WebsiteName='"& WebsiteName &'"，Websitelink='"& Websitelink &'" where ID='"&id，借助 update 语句，实现被选中的数据表记录的信息修改功能。

（4）Delete 语句。sql="delete from CorporateInformation where ID='"&id，借助 delect 语句，实现被选中的数据表记录的删除功能。

10.2.5.3 网页前端设计

1. 登录页面

使用 table 语句将登录页面分为左右两个部分，页左仅单纯显示网站名称，并没有功能的实现，主要是为了与主页面格局相一致；页右为会员登录模块和注册超链接跳转。输入正确的账号和密码，单击登录会直接跳转至主页面；单击注册超链接，页面会跳转至注册页面。

2. 注册页面

注册页面与登录页面外观格局设计相同。

3. 主页面

主页面的设计步骤如下：

（1）首先在页面上插入一个 4 行 * 4 列的 table，将 table 覆盖整个页面。

（2）按照预先设计的页面外观对单元格进行合并。并对文字添加超链接，进而形成左侧导航栏、上侧导航栏。导航栏处的超链接功能是：通过 select 语句实现对数据的增删查改。

（3）使用浮动框架技术，在第三行的第二列（即，合并后的第二列至第四列）插入 iframe，并通过 HTML 语言将导航模块超链接跳转的页面在 iframe_1 页面中显示。

主页面结构框架如图 10-12 所示。

图 10-12　主页面结构框架图

(4) 对于上侧导航栏,超链接跳转的页面直接在 iframe1 中显示;对于左侧导航栏,由于系统功能设计的原因,需要在 iframe_1 中再次插入一个 2 行 * n 列的 table(n 根据左侧导航栏需求而变化),并再次使用浮动框架技术,在第二行中插入 iframe_2,如图 10-13 所示。

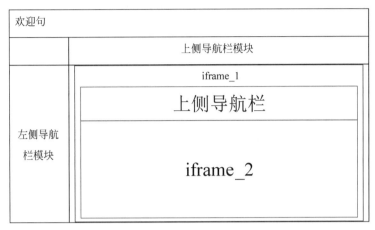

图 10-13 单击主页面左侧导航栏后的结构框架图

(5) 对所有页面进行界面外观美化。

10.3 系统功能介绍

10.3.1 用户登录

已认证用户在该页面进行登录操作,如果输入用户名或密码为空,弹出消息框提示,并返回初始登录页;如果输入用户名密码信息错误,弹出消息框提示,并返回初始登录页面。输入无误后进入网站主页面,如图 10-14～图 10-19 所示。

图 10-14 用户登录界面

新用户单击注册,如果输入用户名或密码为空,弹出消息框提示并返回注册页面;如果输入用户名已存在,弹出消息框提示并返回注册页面。注册成功后自动跳转至登录页面,登录认证成功后进入网站主页面,如图 10-20 和图 10-21 所示。

图 10-15　登录信息为空界面

图 10-16　登录信息错误界面

图 10-17　管理员注册页面

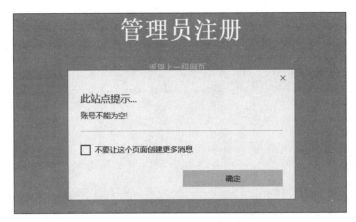

图 10-18　注册信息为空界面

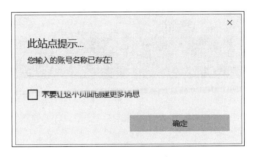

图 10-19　注册信息已存在页面

图 10-20　系统主界面

软件工程实践开发与设计实例——电商英才网络应聘招聘管理系统

图 10-21　系统首页

10.3.2　公司信息概况

按条件对公司信息进行筛选显示,选择需要的地区或经营类型信息后,显示不同条件下的企业信息,如图 10-22 所示。

图 10-22　公司信息概况界面

10.3.3 招聘信息概况

按条件对招聘信息进行筛选显示,选择需要的地区或职位类型或学历条件后,显示不同条件下的招聘信息,如图 10-23 所示。

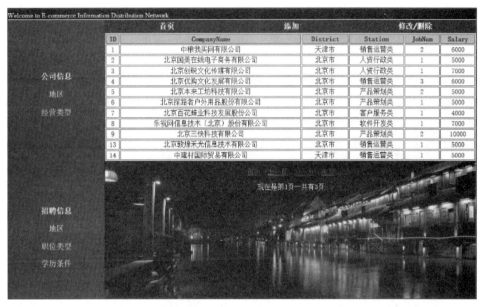

图 10-23 招聘信息概况界面

10.3.4 添加企业信息

单击"添加",按条件填写页面所显示的文本框,将输入的信息提交,可以将输入的信息插入到企业信息数据表中,实现企业信息的增加更新,如图 10-24 所示。

图 10-24 添加企业信息界面

10.3.5 修改/删除企业信息

在显示出的数据表中,选择需要进行删除或修改操作的记录,单击相应的操作选项。

单击"修改"后,在弹出页面上,选择相应的文本框进行信息的修改,完成修改后,提交信息,实现被选中记录的更新修改,如图 10-25 所示。

单击"删除"后,被选中的记录将从企业信息数据表中删除,且该操作不可恢复,如图 10-26 所示。

图 10-25 修改/删除界面

图 10-26 修改企业信息

10.3.6 数据表信息筛选

单击左侧导航栏的筛选关键词,可得到筛选后的企业信息或招聘信息分类显示结果,如图 10-27 所示。

图 10-27 数据表信息筛选图

软件工程实践开发与设计实例——电商英才网络应聘招聘管理系统

参 考 文 献

[1] Pat tun,R. 软件测试[M]. 张小松,译,北京：机械工业出版社.2008.

[2] Scgwalbe，K. IT 项目管理[M]. 杨坤,译. 北京：机械工业出版社.2009.

[3] 贾铁军，李学相，王学军,等. 软件工程与实践[M].3 版. 北京：清华大学出版社,2019.

[4] 施平安,软件项目管理实践[M]. 北京：清华大学出版社,2008.

[5] Brooks,F. P. The Mythical Man-Month：Essays on Software Engineering，Anniversary Edition [M].
Addison-Wcslcy Professional，2010.

[6] 梁旭,冯瑞芳,黄明. 软件工程实践教程[M]. 北京：电子工业出版社,2011.

[7] 范晓平,张京,曹黎明,等. 软件工程：方法与实践[M]. 北京：清华大学出版社,2019.

[8] 孙鑫. Servlet/JSP 深入详解——基于 Tomcat 的 Web 开发[M]. 北京：电子工业出版社,2008.

[9] 金尊和. 软件工程实践导论——有关方法、设计、实现、管理之三十六计[M].北京：清华大学出版
社，2005.

[10] 李代平,杨成义.软件工程实践与课程设计[M].北京：清华大学出版社,2017.

[11] 宁涛,金花.软件项目管理[M]. 北京：清华大学出版社,2018.

图 书 资 源 支 持

感谢您一直以来对清华版图书的支持和爱护。为了配合本书的使用,本书提供配套的资源,有需求的读者请扫描下方的"书圈"微信公众号二维码,在图书专区下载,也可以拨打电话或发送电子邮件咨询。

如果您在使用本书的过程中遇到了什么问题,或者有相关图书出版计划,也请您发邮件告诉我们,以便我们更好地为您服务。

我们的联系方式:

地　　　址:北京市海淀区双清路学研大厦 A 座 714

邮　　　编:100084

电　　　话:010-83470236　010-83470237

客服邮箱:2301891038@qq.com

QQ:2301891038(请写明您的单位和姓名)

资源下载: 关注公众号"书圈"下载配套资源。

资源下载、样书申请

书 圈

获取最新书目

观看课程直播